JN258429

ENGINEER

エンジニアの成長戦略

一生食べていけるキャリアをつくる

匠習作
Takumi Shusaku

日本実業出版社

はじめに　～あなたはエンジニアという素晴らしい職業を選んだ～

この本を手に取ったあなたは、すでにエンジニアかエンジニアを目指している人だと思う。あなたの判断は正しい。自信を持っていい。エンジニアは、新しいアイディアを捻り出して大きなイノベーションを起こすことができる。あなたの夢を叶える可能性を持った素晴らしい職業だ。

ただし、エンジニアになりたてのあなたは、まだエンジニアの原石だ。将来光り輝く可能性を大いに秘めた原石だ。そのため、この本ではその原石を宝石に変えるための「エンジニアの成長戦略」を伝えたい。誰のためでもない、あなた自身のためである。

原石を磨き込んで宝石に変える、そのためにエンジニアの成長戦略がある。

時には苦しいこともある。しかし、最先端の技術を駆使して、知恵を絞って、安全で快適な社会作りに貢献できるこんな楽しい職業はほかにない。ぜひ、宝石になって、自分の夢を実現して欲しい。

エンジニアを取り巻く環境は厳しい。要求品質はますます上がり、コスト競争は激しくなるばかりだ。また、かつて、技術を持つ人間は一生食いっぱぐれがないといわれていたが、エンジニアもリストラのなかで戦々恐々としながら、業務を行なっているという状況だ。

今後求められるエンジニアは、自分の判断で自分の人生を設計し、ＰＤＣＡで見直しながら、自分の夢を実現しようとする積極的なエンジニアである。自分の興味と能力、夢、特技、これを仕事のなかで表現する。21世紀のエンジニア像はそうあって欲しい。

そのために、日進月歩の技術のなかで自己研鑽を続け、楽しく学びながら設計図通りの人生を歩んで欲しい、本書ではその具体的な方法を教えている。


パリのエッフェル塔をご存知だろうか？

実物を見たことはなくても、名前はご存知かと思う。また、テレビや写真、ネットでその外観は見ているだろう。

そのエッフェル塔だが、その名前の由来はそれほど知られていない。まだ、電動クレーンのなかった時代に高さ３００メートル以上の塔を建てようと考えるのは途方もないアイディアだった。しかし、それを考えた建築士（エンジニア）がいた。アレクサンドル・ギュスターヴ・エッフェル。エッフェル塔の設計者であり、工事を請け負った建設会社エッフェル社の社長である。

エッフェルは、1832年生まれ、建築物の構造設計を専門とするエンジニアだった。

1866年に後輩の資産家をパートナーとしてエッフェル社を設立。そこからは、万博の展示場、駅舎ホール、チャペル構造、ガス工場、鉄道高架橋、可搬橋や可動橋、天文台の丸天井など多種の鉄骨構造建築物を多数建造している。

鉄は、19世紀の技術的象徴であり、当時、まさに石の建造物から鉄材を使った建造物に移り変わる瞬間だった。石の建造物に比べ、強靭で軽く、そのため基礎工事を簡単なものにすることができた。

まだ電気溶接のない時代だったが、鉄骨材はリベットで接合することができた。そのため工場で正確に作った鉄骨材をリベットで接合していくことで建造物が完成した。その早さは、当時の基準で驚くほどの早さだったという。

エッフェル塔の工事は、2年2ヶ月という驚異的な短期間工事でありながら、1人の事故死者も出していない。

さらに、エッフェルは1903年、70歳を過ぎて改めて風の制御に関する研究にとりかかっている。知的好奇心旺盛な彼は、科学的な風の解析をはじめ風の科学を確立し、風の現象を視覚化することにある程度成功している。このことは、1903年にライト兄弟の実験によって成功した、航空機の進歩にも多いに貢献した。

そして、1923年、自らが設計したパリの自宅で91歳の生涯を閉じている。まさに、絵に描いたようなエンジニア人生を送ったエッフェルだが、彼は、ある程度、計画的に自分の人生をコントロールしている。

しかし、全て成功だけで歩んだ訳でもない。

1884年には、タルド河のエヴォー高架橋を建設途中に倒壊させる大事故を起こしている。これがあったために、建設現場での安全管理に深く配慮するようになり、エッフェル塔の工事では、1人の犠牲者も出さなかったのである。失敗をもとに、次のステップを考え、同じ過ちを繰り返さない。これもエンジニアとして学ぶべき点だと思う。

技術者=エンジニアである。

では、エンジニアとは何か、一言でいえば、発明する人である。

エンジニア(Engineer)のEngine-の部分の語源であるラテン語ingeniumは、-gen-の部分が「生む」行為を意味している。同じ語源でIngenious(独創的な)という単語もある。加えて、1818年にイギリスで結成された世界最初の土木工学会では，エンジニアリング(工学)のことを「自然にある大きな動力源を人間に役立つように支配する術」と定義している。

この本では、現代に生きるエンジニアに対し、どんな計画を立てればエンジニアとして生きがいのある人生を送ることができるのか提案している。もっといえば、エンジニアなのだから、計画を立てるというより、まさに自分の人生を設計することを提案している。

情報化社会といわれるなかで、知識そのものの価値は随分と下がった。しかし、その増えた情報・知識を駆使して新しいモノを生み出す知恵あるいは応用能力の価値は下がっていない。いや、むしろ上がっているといってよい。

組み合わせるパズルの量が増えたため、必要なものをピックアップし、組み合わせる能力はむしろ重要なのだ。

そのために、何をすればよいのだろう。

本書は、あなたのエンジニア人生を設計する上で、そのもととなる設計書を目指している。目的と機能を明確にして、合理的にあなたの才能や好きなことを表現できるようにするためには、どうすればよいのか、そこに注意を払っている。

本書の構成は次のようになっている。各章は独立しているため、どこから読んでも構わない。全て読む必要もない。読みたいところを読めばそれで十分だ。気楽に飛ばし読みして頂ければいい。それよりも、実践することのほうがはるかに大事だ。本を書いてこんなことをいうのは変かもしれないが、あなたにゆっくり本を読んでいる暇はない。

第1章では、自分の人生を設計することの重要性を説いている。また、目指すところは「π」型エンジニアだが、その意味を説明し、エンジニアが本来こだわるべきものについて、説明している。

第2章では、自分のタイプを分析し、今後どのような力をつけていくべきかを論じた。発想法は、若い時に身につけたほうがよい。年齢を重ねてからでも取得できるが、時間はかかる。

第3章では、読書など知識を得ることの重要性を説いている。エンジニアには必須の知識である知財についても簡単に説明している。

第4章は、キャリアアップのための転職について書いているが、安易な転職は絶対に勧めない。これは、絶対に誤解しないで頂きたい。また、最近、少しずつ増えている、女性エンジニアに向けたエールも入っている。さらに、独立や技術士取得に向けた簡単な説明もある。

第5章では、MOTの重要性や、技術者倫理について書いた。

第6章では、これからのエンジニア論を様々な視点で総括的に書いている。

本書が、若手エンジニア、あるいは中間管理職にあるエンジニア諸氏にとって、エンジニア人生を設計するよき手引き書になることを願っている。

匠　習作

2017年4月

目次 エンジニアの成長戦略

Chapter 1

エンジニアとして「成長」するためには何が必要か

Chapter 2

エンジニアに求められる能力をレベルアップする！

Chapter 3

知識をインプットして経験の糸でつなごう！
……求められる能力をブラッシュアップ

Chapter 4

キャリアアップのための「転職」の考え方

Chapter 5

一流のエンジニアは技術をもっと高い視点でとらえる

Chapter 6

これまでの常識は捨てろ！
……エンジニアが必ず考えておくべきこと

カバーデザイン◇萩原 睦（志岐デザイン事務所）
本文デザイン・イラスト・ＤＴＰ◇初見弘一（TOMORROW FROM HERE）
編集協力◇宇治川裕

Chapter 1

エンジニアとして「成長」するためには何が必要か

「愚者は己れを賢と思い、賢者は己れの愚者なるを知る」

シェイクスピア「お気に召すまま」第5幕第1場（福田恆存訳）

Section

1

目指すのはπ(ぱい)型のエンジニア

エンジニア人生を有意義にするために

エンジニアは、次々と出てくる新しい技術を学び続けなければならない。エンジニアになった限り一生勉強を続けることになる。そんな人生を選んだあなたに、少しでも効率よく学び、少しでも楽しく（ラクにではない）エンジニア人生を全うして欲しくてこの本を書いた。

ぜひ、楽しくエンジニアとして成長して欲しい。そして、自分自身、家族、所属する会社や組織、社会全体のためになる何かを作って欲しい。もちろん、自分の専門分野に関することで結構だ。

I型からT型、そしてπ型へと成長しよう

日本技術士会では、現在、エンジニアの成長過程として3段階の成長を目指すことを指針としている。日本技術士会とは、技術士制度の普及、啓発を図ることを目的とした公益法人だ。2011年で創立60周年を迎え、科学技術の向上、国民経済の発展に寄与することを目的にしている。

第一段階として、専門分野に精通したI型エンジニア（20代）、次に専門以外の広い視野も持つT型エンジニア（30代）、専門とは別の領域（近接領域）を極めたπ型エンジニア（40代）。もちろん、年齢はおおよそだ。また、所属した組織によっては退職するまで同じ部署で同じ業務ということもあり得る。

ただし、これは業務経験によって培うだけでなく、自ら積極的に学び、研鑽することも含めている。さらにいえば、エンジニアとしてその生涯を全うしたいと思ったら、自己研鑽は止めることができない。逆にそれが嫌な人はエンジニアにならないほうがいい。知りたい、調べたい、どうしてなんだろうという、激しい知的好奇心がなければエンジニアの仕事は苦痛でしかない。これは、技術士であるなしに関係ない。全てのエンジニアに共通する。

π型エンジニアに込められた意味

ところで、このπ型の意味だが、字のかたち通りに考えれば、2つの専門（縦に長い）のほかに、広く浅い（横の波線）知識という意味だ。

しかし、ここで誤解しないで欲しい。広く浅い知識と2つの専門分野をマスターすればよいという訳ではない。技術士会もそうはいってない。むしろ、円周率に終わりがないように、終わりなく学び続けるエンジニアであって欲しいという意味が込められている。割り切れず、何時までも続く円周率は疎ましくもあるが、技術とはそういったものである。技術の進歩にも終わりはない。

エンジニアの道を歩くと決めたのだから、生物としての一生を終えるまで、学んで考えることを喜びにしよう。π型のエンジニアには、そんな意味もある。

ここで、よく受ける質問に答えておきたい。

「自分の専門分野を掘り下げるのはわかるのですが、2本目の分野は何を学ぶのがよいのでしょうか？」。この質問はとても多い。技術士試験の対策講座でもよく受ける質問だ。別に正解はないから、自分で考えればよいのだが、質問された時は、技術の歴史を学ぶことをお勧めしている。特に、事故や失敗の歴史だ。歴史を学ぶと、その技術がどういった経緯で必要とされ、考えられ、進化してきたのかよくわかる。

人によって、「π」の2本目はマネジメントだという方もいる。それはそれで正しいのだと思う。しかし、技術とは危険なものを安全に使うための知識体系であることを思い出して頂きたい。加えて、技術者倫理とは「安全な製品を作るために全力を尽くすこと」であるなら、事故や失敗の研究・調査はエンジニアとして生きていくために必要なことだ。そのために、自分の専門領域に関して技術上の歴史を学ぶことは重要である。

Section 2

2本足のエンジニアを目指そう

2本足のエンジニアを目指そう

組織のなかで開発や、工程の改善を行なうとき、どうしても利益や安全、コスト、納期といった相反する要素がエンジニアの肩に乗りかかって来る。元々、技術というものが危険なものを扱うのだから、相反しないほうが珍しい。また、金のかからない開発などないのだから、コストの圧迫も常にある。

だから、エンジニアは、相反する要求のなかで常に頭を悩める。技術的アイディアとは、まさにその相反する要求をバランスよく納めるために考える。加えて、新しいアイディアには常に反対意見がつきものである。特に斬新で前例がないアイディアは大勢の人から反対されると思ったほうがよい。

初めから反対されることがわかっていれば、心の準備もできる。さらに、反対意見も想定

できるだろう。事前に反対意見に対しての反論をシミュレーションして考えておけば、うまく乗り切れる可能性は高くなる。新しいアイディアを出す時はこれを必ず行なおう。

２本足のエンジニアとは、その相反する２つの概念を表わす考え方でもある。専門分野を２つ持つことだけではない。

トレードオフの関係を利用しよう

トレードオフを辞書で引くと矛盾、二律背反、交換（条件）、妥協点、代償、見返り、取引などの意味を持つことがわかる。あるいは、「複数の条件を同時に満たすことができない関係」といってもよい。「これはトレードオフの関係だ」のように使用する。

どんな時でもという訳ではないが、相反する条件をうまく満たすには、トレードオフが有効だ。後ほど第2章でＴＲＩＺ（トゥリーズ）を簡単に紹介するが、ＴＲＩＺのなかにもトレードオフの要素を多く見つけることができる。もちろん、全く新しい第3の道が見つかればそれでもよいが、大抵の場合は、片方を少し犠牲にして（あきらめて）、重要なほうを満足させる方法をとるだろう。

簡単な例だが、人を乗せる乗り物の場合、車でも飛行機でも軽ければ燃費がよくなる。しかし、強度が落ちるから、ぶつかった時に危ない。今度は、軽くて強い素材で作ろうと、チタン合金で自動車を作ると丈夫で軽くなるが値段が高くなりすぎて売れない。この場合、どこで折り合いをつけるべきか？　エンジニアはここで頭を使って最適解を求めなければならない。

Section

3

専門知識だけでは生き残れない！

専門だけに「こだわる」怖さ

とかくエンジニアには、「こだわりの人」が多い。もちろん、こともあるそのこだわりがよい方向に向くこともあり、結果としてこだわりが組織に利益をもたらすこともある。

「こだわりの一品」などというと、手作り工芸品や高級アクセサリ、高級文具、家具などを連想させる。こだわりは、モノ作りにとって、どちらかというとよいイメージの言葉だ。しかしそのこだわりは時に人間の判断を誤らせる。

１９６０年代、世界の腕時計市場はスイスの腕時計によって独占されていた。特に高級品は世界市場65%以上がスイスの腕時計であり、正確な腕時計が欲しい人は誰でもスイス製の腕時計を購入していた。加えて、スイスの時計メーカーは1番の地位に甘んじることなく、秒針を発明し、防水構造を考え、最高の自動巻き機構を考え出していた。要するに、トップランナーであることに安心せず常にイノベーションを追求していた。

１９６８年の腕時計に関する市場データを見ると、販売個数で世界市場の67％、売上金額では80％を占めており2位以下を大きく引き離していた。しかし、その12年後、１９８０年になると腕時計市場の占有率は大きく変化している。販売個数は67％から10％まで落ち込み、売上ベースでも20％を切るまで下がった。腕時計はスイスのものと考え、誇りを持って時計作りに励んでいたスイスの時計職人には大きな痛手だった。

当時スイス国内に6万２０００人いた時計職人は、１９７９年から１９８１年までの2年間で約5万人が職を失った。全体の20％、1万２０００人しか自分の地位を確保できなかったのである。当時のスイスの人口は５００万人程度。その影響の大きさははかりしれなかった。

一体、スイスの時計市場に何が起きたのか

この大きな市場の変化のなかで、スイスに変わってトップランナーになった国はどこか。大方の読者は想像がつくと思うが日本である。

１９６０年代後半、すでに日本の時計メーカー（セイコー、シチズンなど）はスイスと肩

を並べるほどの技術力を有していたが世界市場でのシェアは1％に満たなかった。腕時計は元々、装飾品としてのイメージが強く、ブランド力では、「スイス製腕時計」に勝てなかった。しかし、日本は当時エレクトロニクス分野では世界トップの実力とシェアを誇っていた。そのエレクトロニクス技術が腕時計で活かされたのだ。

日本が作ったクオーツ時計には、ゼンマイもベアリングもない。歯車でさえほとんどない。スイスの時計職人は、この電池を入れるだけで動く時計を「こんなものは、時計じゃない」と考えた。しかし、日本の時計メーカーは違った、日本のメーカーは、クオーツ発振に日本の力を活かせる可能性を見つけたのだ。

もし、こだわりを捨てていたら

スイスにとって残念でならないのは、スイスの時計メーカーが、自らの将来を見通す力さえ持っていれば、この悲劇は完全に避けられたという点だ。すなわち、伝統的な腕時計の構造に関する「こだわり」が世界の時計市場に対する変化を見落とす原因だった。

クオーツ発振の原理そのものは１９２０年代に、イギリス国立物理学研究所とアメリカのベル研究所で発見されていたが、スイス人自身も、水晶発振の研究では、画期的な成果をあげていた。スイスのヌーシャルテル研究所は、電気的刺激を与えると正確な周期で振動する水晶の特性を、腕時計に応用することに成功していたのだ。

しかし、スイスの時計メーカーはこれまでの精密な時計の機構に「こだわる」あまり、クオーツ時計を作ることはしなかった。そのため、ヌーシャルテル研究所が1967年の世界時計会議にクオーツ時計を展示することを許可したとき、日本の時計メーカーのセイコーがこれに飛びついたのである。モノ作りへの「こだわり」が悪い方向に出た典型的な事例といってよい。

セイコーは、1969年、世界初のクオーツ時計「アストロン」を発売した。

ただし、時計の話には続きがある、それは第5章で説明する。

こだわる時は、大きなものにこだわる

今度は、逆の例を紹介しよう。

1930年代頃の、アメリカはすでに車社会だった。しかし、そのため自動車の排気ガスによる大気汚染は深刻な状況にあった。1970年、通称「マスキー法」と呼ばれる大気浄化法の改正案がアメリカの上院議員、エドムンド・マスキーの提案により議会へ提出され承

認を受けた（※大気清浄法と訳される場合もある）。
マスキー法の骨子部分は、次のようなものである。

- 1975年以降に製造する自動車の排気ガス中の一酸化炭素（CO）、炭化水素（HC）の排出量を1970〜1971年型の10分の1以下にする。
- 1976年以降に製造する自動車の排気ガス中の窒素酸化物（NOx）の排出量を1970〜1971年型の10分の1以下にする。

これらをそれぞれ義務づけ、達成しない自動車は期限以降の販売を認めないという厳しい内容だった。

これは、当時世界で最も厳しい環境基準であり、車の排ガス中にある一酸化炭素及び炭化水素、窒素酸化物を、それぞれ1970年を起点として5年以内に、90%減少させるというものだ。つまり、5年間で自動車の排気ガス中の汚染物質濃度を、10分の1にするという厳しい規制である。それゆえ、アメリカの自動車産業界は「技術的に不可能である」と一斉に反発し、規制値を守ったエンジン開発の目処は全く立たない状況だった。

本田宗一郎の狙い

当時、ホンダの社長であった本田宗一郎は、開発担当者に了解を得ないまま、1971年2月、「ホンダはマスキー法を満足させるレシプロエンジン開発の目処が立った。1973年から商品化する」という記者会見を行なった。

たしかに、ホンダはこの時点ですでにマスキー法の規制のうち、一酸化炭素と窒素酸化物の値を満たすことができる複合渦流調速燃焼「CVCC」(Compound Vortex Controlled Combustion)と名づけたエンジンの開発見通しをつけていた。しかし、炭化水素の値についてはまだまだ満たすことができずにいたのである。

当時、ホンダは、ユーザーの事故死の原因が商品の欠陥によるとする訴訟を起こされ、社会的な批判を浴びていた。そのため、主力商品の業績が4分の1にまで落ち込んでいた。

天才エンジニアといわれた本田宗一郎は、マスキー法を満たすようなエンジンの開発に成功すれば、ホンダが再び元気を取り戻し、世界のトップ企業と肩を並べることができるようになると考えた。

つまり、宗一郎は、技術者としての義務や責任、排ガス汚染とは関係なく、ホンダという企業を危機から救うために、「マスキー法の基準を満たした新しいエンジンの開発」という道を選んだのだ。

青い空にこだわったエンジニアたち

実際にCVCCエンジン開発プロジェクトに携わっていた技術者たちを支えたのは、大気汚染問題への取り組みがホンダという単なる一企業の問題ではないという「こだわり」だった。連日会社に泊まり込み、徹夜もあたり前という過酷な研究開発環境のなかで、プロジェクトの成功のために邁進していた社員は、ホンダの大気汚染研究室所属の石津谷彰のいった「子どもたちにきれいな空を残そう」という思いに「こだわった」のである。

CVCCエンジン開発プロジェクトは、本田自身ではなく、当時39歳の久米是志（後の3代目社長）をリーダーとして行なわれた。久米は、ほかの企業が不可能であると主張する規制を満たすというこのプロジェクトの成功は、単なる一企業のためのものではなく「技術屋としての役割」であると認識した。この認識をプロジェクト・メンバーに伝え、あきらめや妥協を許さなかった。

また、このプロジェクトを完遂するには、天才的な技術者である本田宗一郎ひとりに頼るのではなく、各部署で、それぞれの専門家の社員の力を総合する必要があると考えた。

久米は宗一郎を「おやじ」のような存在と心から慕ってはいたが、ホンダの将来のために、それまでのやり方を変革する道を選んだのだ。

こだわりが、マスキー法を乗り越えた

1972年10月、ついにホンダはマスキー法の基準を全て満たしたCVCCエンジンの全容を発表し、12月にはアメリカの環境保護庁（EPA）のテストを受けた。EPAは1973年3月に、正式にホンダのCVCCエンジンがマスキー法に適合したエンジンであると発表し、この発表を受け、ホンダは開発した技術をほかのメーカーに無料で公開した。この発表により、世界の自動車業界の排気ガス対策は一気に大きく前進した。

さらにいえば現在の排ガスレベルは、このCVCCエンジンに対し10分の1以下まで進化している。全て本田宗一郎の思いから始まったといってもいいだろう。

Section
4

異分野のエンジニアと積極的に交わろう

ときには学会を利用する

会社組織だけに所属していても、ある程度の規模の会社なら異なる分野の専門家と交流することは可能である。しかし、数百人規模となると難しくなる。そんな時は、学会を利用するのがよい。年間1～2万円程度の会費で、様々な分野の専門家と会うことが可能になる。おそらく、最も安上がりで確実な方法だろう。

学会に入るのはとても簡単だ。機械学会や電気学会、土木学会などはただ申し込むだけである。まれに紹介者がいないと入れない学会もあるが、とりあえず問い合わせしてみよう。どこの学会でも会員数を増やしたいと思っている。

「知り合いに貴学会の会員がいません。紹介して下さる方がいないと入会できませんか？自分は、○○を専門とする技術者であり、貴学会で△△について学びたいと考えております」。こんなメールを送れば断られることはまずあり得ない。

現在の日本には実に数多くの学会があるが、正式に学会と認められるには条件がある。日本では、公的学会と指定しているのは、政府の諮問機関である日本学術会議の「日本学術会議協力学術研究団体」に所属する学会である。

その日本学術会議は、学会の申請を受けて審査し、次の3つの要件を満たす学会を日本学術会議協力学術研究団体として認定している。日本には、1200弱の学会がある。

◆学術研究の向上発達を図ることを主たる目的とし、かつその目的とする分野における「学術研究団体」として活動しているものであること

◆研究者の自主的な集まりで、研究者自身の運営によるものであること

◆構成員（個人会員）の数が100人以上であること

これらのなかには、文学系、社会科学系、工学系、理学系、医学系とあらゆる学問分野が含まれている。ひとりでいくつ入るのも自由。しかし、最初よくわからない時は、大きなくくりで選んだほうがよい。

例えば、機械系エンジニアであれば機械学会、電気系エンジニアであれば電気学会などだ。

自分が表面摩擦の専門家だからとトライポロジー学会に入っても悪くはないが、これでは異分野の専門家と交流する機会が減る。

また、時々誤解されるが、名乗るだけならどの団体でも「学会」を名乗ることができる。逆に、日本学術会議に認められた正式な学会でありながら、学会と名乗らず「○○研究会」と名乗っている団体もある。これは、人数が少ない場合に多い。

できれば論文の発表を目指す

いきなりはできないかも知れないし、初めのうちは聞き役でもよい。しかし、慣れてきたら、自分の専門分野で論文を書いてみるといい。査読されてから載るのだから、学会誌に論文が掲載されるということは、ある一定レベルの基準を満たしているということだ。

大きな学会に所属すれば、その学会誌は数千人の専門家が読んでいる。そこで批判されることもあるだろうが、それはそれで知見が広がる。もっと重要なことは交流範囲が広がるということだ。自分が考えて新発見だと思っていた技術が、「それはすでにアメリカで行なわれている」など、教えられることも多い。

会社員エンジニアだけではなく、大学の先生も多く所属している。彼らは、その道の研究が専門である。当然、海外の文献や論文も読んでいる。会社勤めでそこまではできないと思う。彼らと出会うには、学会で開催されるセミナーや研究会を使うのが手っとり早く簡単だ。

また、学会の集まりの終了後には名刺交換をしよう。専門分野が同じでも、異なるものでも気にしない。例えば、大学の先生も民間企業のエンジニアと交流を深めたいと思っている。大学時代にあまり勉強せず、担当教授が怖かった人はトラウマがあるようだが、学生ではないのだから、そこを気にする必要はない。注意点は、情報漏洩だけだ。

Section 5

エンジニアとしての成長戦略を計画しよう

早い段階で自分の人生設計図を描いてみる

業務にとりかかる時、それが大きな業務であれば全体を見渡す工程表を作成するだろう。一日の行動にあたって、「To-do リストを作成する人も多い。本来なら、自分の人生が最も重要なプロジェクトであるはずだ。その最も大きいプロジェクトに計画表も設計図も作らないで挑むのは、エンジニアらしくない。

自分の人生なんだから、全て自己責任。プロジェクトリーダーはあなただ。しかも、大学を出たばかりであれば全行程の終了までたっぷり60年近くある。

もし、非常に大きなプロジェクト、例えば事故を起こした福島第一原発の「廃炉計画」というものがあって、あなたがその後20年のプロジェクトリーダーであれば、必ず計画表を作成するために最大限の努力をするだろう。計画表なしで始める人はいないはずだ。

期間が長ければ長いほどしっかり計画を立てないと、後でとんでもないことになるのはおわかり頂けるだろう。

人生のＰＤＣＡを考えてみよう

ＰＤＣＡという言葉はご存知だろうか。

ＰＤＣＡサイクルという概念が生まれたのは、第２次世界大戦後。品質管理手法の構築にあたったエドワーズ・デミング博士によって提唱された概念だ。

ＰＤＣＡサイクルの概念はアメリカで生まれたものだが、デミングが来日して指導にあたったことから、日本の生産管理、品質管理の現場で進化を遂げることになった。

ＰＤＣＡサイクルの特徴は、常にサイクルを回し続けること。ＰＤＣＡのＡで終わりにするのではなく、１回廻ったら、また新たなＰＤＣＡのサイクルに入っていく、それを永続的に繰り返すことで現場を進化させるという考え方である。

- **Plan（計画）：従来の実績や将来の予測などをもとにして業務計画を作成する**
- **Do（実施・実行）：計画に沿って業務を行なう**

・Check（点検・評価）：業務の実施が計画に沿っているかどうかを確認する
・Act（処置・改善）：実施が計画に沿っていない部分を調べて処置をする

いくつかの定義はあるが、多少の言葉違いはあっても概ね、こんな定義だ。

また、どこから始めるのか、ということにもいくつかの説がある。
P、つまり計画から始めるのが妥当だと思うかもしれないが、Cつまり、現状がどうなっているのかから始めるべき、という考えもある。
もし、あなたが大学を出たばかり、会社へ入社したばかりであれば、とにかく人生プロジェクトの工程表を作成しよう。そしてそれを遂行するにあたって、ＰＤＣＡの考え、やり方で修正、進化させていこう。

工程表には、仕事上必要な知識や技術を学ぶ時期・順番を明記する。資格が必要ならその時期も考える。現在独身であっても将来の家族のことも入れて考える。

それらをＰＤＣＡで修正すると考えて、間違っても気にする必要はない。25歳の時に、「30歳までに結婚しよう」と思っていたとして、それができなくてもそのこと自体を気にする必要はない。特に相手があることはなおさらだ。

人生のＰＤＣＡは、現状分析から始めるほうがよい

業務の場合は、計画からということもあり得る。しかし、人生というプロジェクトをＰＤＣＡサイクルで廻すのなら、迷わずＣの現状分析から始めるべきだ。目標を決めて計画を立てても、その時の状況をしっかり把握し、踏まえていなければ計画そのものが妥当性を失ってしまう。

ＰＤＣＡは、廻し続けることに意味があるのだから、どこから始めても同じという考え方もある。しかし、人生は1回きりだ。思いつきだけで計画して失敗すると大きな痛手になる場合もある。失敗は仕方がないが、失敗するなら小さく失敗したい。そのためには、やはり現状をよく知った上で行動開始をしたい。そこから、計画を始めよう。

もちろん、人生には不慮の事故もある。本人のみならず、親・兄弟・妻・子供など周囲の人に突然の不幸が襲いかかる場合もある。これは、予想できることではない。しかし、誰にでもあり得ることであれば、想定外とはいえない。リスクマネジメントの考えは、当然ＰＤＣＡのなかに入れるべきだ。

現状が把握できたら設計図を描く

高度成長の頃は、文系に比べて人数の少ないエンジニアは、それほど就職することに不安はなかった。しかし、今は違う。ソニーや東芝のような会社、あるいは大学生から大人気だった東京電力さえも人員削減、リストラの候補に多くの技術者を入れる時代である。自分の身は自分で守る必要がある。

そのため、現状分析を終えたら、自分の人生を設計してみる。当初は5年スパンぐらいでいい。あるいは、これからの10年を1年単位で描いてもいい。直近10年を1年単位、その後の人生を5年単位で描くことができれば文句なし。後はそれを毎年更新する。

特に家族構成はわかりやすい。今、2歳の子供がいれば、10年後には必ず12歳になる。「当たり前だろう」と思うかもしれないが、教育費などでお金がかかる年がいつなのかが計画表でわかるのだ。あるいは、親が自分で生活できなくなる頃もおおよそわかるだろう。自分が死ぬ年齢は、平均寿命で考えておけばいい。男なら80歳、女なら86歳で考えれば大きな間違いにはならない。

年金もあまり当てにならない。この本は、年金や経済の本ではないから、あまり触れないが、2016年現在で、現役の人たちは、年金で生きていけるなどと思わないほうがいい。そうなると、定年後の自分の生活は自分で稼ぐしかない。その時、体力は若い時より落ちるのだから、体力勝負の仕事では働けない。健康管理を行ないながら、これまでの経験を活かして、あなたの知識と知恵を売るということだ。海外在住経験があるなら海外の技術援助でもいい。

ただし、これができるようになるために、計画的に自分を成長させなければならない。今は、資格をとるだけでは食べていけない。冒頭で述べたエッフェル塔の設計者エッフェルのように自分の人生を設計し、施工しよう。

Chapter 2

エンジニアに求められる能力をレベルアップする！

「強い想像力には、つねにそうした魔力がある。つまり、何か喜びを感じたいと思えば、それだけで、その喜びを仲だちするものに思いつく」

シェイクスピア「夏の夜の夢」第5幕第1場（福田恆存訳）

Section

I

あなたは、自燃型・可燃型・不燃型、どのタイプ？

3つのタイプを見極める

新将命氏の『経営の教科書』によれば、人は「自燃型」「可燃型」「不燃型」という3つのタイプに分けられる。このフレームで、ビジネスパーソンのやる気、モチベーションに関して、自分を分析し、会社・組織が何を求めているのかを考えることができる。エンジニアにかかわらず、ビジネスパーソン全体の話として読んで欲しい。

実際には、3つのタイプではなく、「自燃型」「可燃型」「不燃型」「消火型」「点火型」「助燃型」「爆発型」「燃え尽き型」など種類は多い。しかし、「自燃型」「可燃型」「不燃型」、を大くくりにすれば、残りの5つは、それに付随するタイプであり、そこまで見極める必要はあまりない。また、心理分析や行動分析ではないから、あくまで自分で自分を観察して見極めるためのものだ。気楽に自分で自分を判断して欲しい。

それでは続けて、順番に説明しよう。

それぞれのタイプの特徴を知る

自燃型：自分で目標を立て、自分で計画し自ら学びそれを業務で活かそうとする。ある意味理想的に見えるが、組織や上司にそれに見合うだけのものがないと、いずれ会社・組織を離れていく。そのため、必ずしも会社や組織にとって使いやすいタイプとは限らない。

可燃型：ほとんどのビジネスパーソンは、このタイプだ。特に、新入社員や、入社間もない若手社員は圧倒的に「可燃型」が多いはずだ。つまり、何かのきっかけでモチベーションがアップし仕事に燃えるタイプである。数名でやっているベンチャーなら違うと思うが、通常の会社や組織であればそこにいる社員は、基本的に「可燃型」である。そのため、上司や仕事上の先輩にあたる人は、燃え始めるための火種を用意しなければならない。

不燃型：基本的に、いわれたことだけをこなすタイプ。余計なことはしない。そうかといって、仕事を確実にやり遂げるというタイプでもない、怒られない、注意されない程度にやり遂げる。基本的に、不燃型を仕事で燃やすことはできない。大きな組織で安定的なら害はない。

そのほかの５つについても念のために紹介しておこう。

消火型：人のモチベーションに水をかける、文字通り火を消す人。「どうせウチの会社じゃムリだよ」が口癖。ほとんど害にしかならない。

点火型：可燃型のメンバーに対する上司には持ってこいのタイプ。人を焚きつけるのがうまい。

助燃型：人が燃えることを手助けするタイプ。昔なら姉さん女房的な人だが、別に女性に限らない。自らは燃え尽き型になっていても助燃型という人もいる。

爆発型：自然型のなかに少しだけいるタイプ。無計画に燃えてしまうため、爆発的に燃えて短時間で終わってしまうことが多い。

燃え尽き型：中高年の会社員に多い。文字通り、昔は可燃型や自然型だったのが、失敗などにより、燃え尽きてしまったタイプ。燃え尽き型でも、点火型や助燃型として活躍できる場合もあり、貴重な存在となることもある。

別にふざけて書いている訳ではない。もちろん、血液型タイプのような非科学的なものでもない。あくまでも日頃の仕事ぶりや行動から観察によって分類できるタイプ分けである。
また、人間だから１００％どれかの型にはまっている訳ではない。だから、自分を顧みて悲観することもない。

組織は可燃型であることを願っている。しかし、エンジニアは？

自燃型は、せっかく育っても辞めて行く可能性もある。そのため、会社・組織は可燃型に加えて点火型や助燃型の要素を持つ人を求める。これは自然なことだ。もちろん、小さなベンチャー企業なら、自燃型が求められるだろう。だがこれは特殊な場合だ。

ここで、今度はエンジニアに限った話を進めたい。

結論からいうと、エンジニアは自燃型でなければならない、加えて、点火型の要素も持つこと。助燃型になるのは、50歳を過ぎてからでいい。あるいは定年間近になった頃だ。

自燃型として業務に当たらないと、業務内容によっては、思わぬ事故や災害を起こすことになる。世のなかにないものを作る。誰もやったことがない方法・工法で何かを作る。こんな時は、予想外のアクシデントがつきものだ。それを防ぐには、常に先回りして問題点を探し回り、その問題点から何が起きるのかを考えなければならない。また、誰も助けてくれないことも多い。助けようにも助けられないというべきか。そのために自燃型でありたい。

あるいは、逆に消火型が近づいてくる場合もある。可燃型のタイプでは、消火型に消されてしまう可能性がある。それをはねのけるには自燃型の強い燃焼力が必要だ。

一般的にいわれる、危険物の法的分類と同じだ。危険物には1類から6類まである。

危険物の資格でよく知られている「乙4類」とは第4類に分類されているガソリンや灯油などの引火性液体だ。逆に、あまり知られていない、第5類に分類されているのが、「自己反応性物質」で、加熱や衝撃で、激しく燃えたり爆発したりする物質である、ニトロ化合物などもこのなかに入る。これは酸素を含んでいるから、燃え出すとほとんど消火は不可能。燃え尽きまで周辺を管理するしかない。

あなたに危険物になれということではないが、エンジニアは第5類に分けられる自燃型（自己反応性物質）になるべきだ。もちろん、爆発して燃え尽きてしまうことがないように管理すること。

自分がどのタイプであるのか、これは自分で考えるしかない。あなたを冷静に見てくれる人なら、ある程度判断してくれるかもしれない。奥さんや旦那さんの分析はあまり当てにならないと知っておこう。

Section 2

文系社員とのコミュニケーションを高める方法

理系と文系という分類

理系、文系という分け方は日本独特とまではいわないが、諸外国に比べてその分け方が明確だ。日本の場合、近代国家として出発した明治時代の学校制度にその分類の源がある。

諸外国に比べ日本でこの分け方が常に使われるようになったのは、明治時代の学校制度によるものだ。旧制高校時代には、生徒を「文科甲類（英語）」「文科乙類（ドイツ語）」「文科丙類（フランス語）」「理科甲類（英語）」「理科乙類（ドイツ語）」「理科丙類（フランス語）」と分け、「文科」「理科」のどちらかを学んでいた。この時、主に数学の試験で振り分けを行なっていたらしい。高校時代に何を学んだかによって、旧制大学で学ぶ専攻分野を大きく左右したのだ。現在でも、高校の進学校では「理数コース」とか「英理コース」などが設置されている。しかし、最近の大学は特に私立の場合「学際」が謳（うた）われるようになっており、この理系、文系の分け方が使われなくなってきている。

そもそも理系と文系の境界線はどこにあるのだろう

しかし、そんな歴史的経緯は別にして、エンジニアは、営業その他の文系社員とのやり取りを苦手にしている人が多いように思う。一般的に、コミュニケーションが苦手というエンジニアは多い。「人づき合いが苦手だから技術屋の道を選んだ」という若手エンジニアに何度も遭遇している。さらに少し年配のエンジニアには「技術に真摯に向かい合うのがエンジニアの仕事。おべんちゃらは、営業に任せておけばよい」とまでいう人もいる。

数学的なセンスがどうのという前に、そもそもコミュニケーション能力で理系と文系を分ける境界線が引けるのかもしれない。

すなわち、コミュニケーション能力大＝文系、コミュニケーション能力小＝理系というように。

ここで、理系、文系の境界を考える前に、工学系と理系の言葉の違いを考えてみたい。これは、ある程度経験的な見方を含んでいることを最初にことわっておく。

工学部、あるいは医学部で学んだ人の考えは「なぜ、そうなのか?」よりも「とりあえず、どうしようか？」が先行する。逆に理学部出身者は、「なぜそうなのか？」「どうしてか？」を先に考える。

いい換えると、理学部出身者を「理系」とするなら、工学部、医学部、薬学部などは理系というより、「文系」（特に社会学系）に近いと思う。

逆に、文系のなかでも文学や哲学、言語学などのフィールド出身者は、純粋な「理系」に近い考え方をする。「なぜ、そうなのか？」「どうしてか？」という発想をするからだ。

「数学ができれば理系」は間違い

最初に説明した通り、明治時代の理・文の振り分けは主に数学試験の点数で行なわれていた。そのため、今でも数学ができる人＝理系、数学ができない人＝文系、のイメージは強い。しかし、生物学と経済学で比べたら、経済学のほうがはるかに数学的能力（計算能力）を必要とする。地学と会計学で比べてもそうだろう。

また、理論を構築する場合は別にして、実験現場で活躍するには数学の能力をそれほど必要としないだろう。まして、現在はパソコンにデータを入れれば綺麗なグラフまで描いてくれる時代だ。それがよいという訳ではないが、数学を勉強するより、パソコンの使い方を覚えたほうが作業の効率はアップする。

そのため、ますます、数学的能力はそれほど求められなくなっている。この本を読むエンジニアでも、微分方程式なんて簡単といい切れる人はそんなに多くはいないと思う。

では、どうすればコミュニケーションは上達するのか

コミュニケーション能力は、訓練で上達する。これは間違いない。ここで、最も簡単な方法を説明しよう。自分からは話さなくてもいい。とにかく人の話を聴くことだ。コーチングの世界では傾聴ともいう。

真剣に聴いて相槌を打って、時々でも質問するといい。それだけで、周りはあなたのコミュニケーション能力の不足を疑うことはない。

というより、それを長く続けることで、「彼は人の話をよく聴くコミュニケーションの達人」といわれるだろう。これも、誤解されているが、本来コミュニケーションの基本は聴くことだ。

何か気の利いたことを話そうとするから、緊張する。話が長い人は、話すことが好きなのだ。あなたは、相手にその好きなことをさせればいい。

もうひとつ。これはもっと簡単だが、それは相手の話に関心を持つこと。どうしてもつまらない話だとしても、そこは分析者の立場になって、「この人はどうしてこんなつまらない話をするのだろう」と考えて見てもいい。あなたにとって新しい発見があるだろう。

質問よりも聴くこと

ビジネスコーチングは質問力を重視する。しかし、あまり質問にこだわると、質問しなければならないことが気になって人の話を聴かなくなるものだ。

相手とのコミュニケーションを重視するなら、まず、聴くことに専念する。そのなかで、相手が特に力を入れて話しているところを、「そこを詳しく教えて頂けますか?」と聞き返すことで相手は話を聴いてもらっていると感じる。このことを意識して相手とコミュニケーションを深めて欲しい。

Section
3

エンジニアにも必要なプレゼンテーション力

プレゼン力は今後の必須能力！

コミュニケーション能力とは少し異なるが、21世紀を生き延びなければならないエンジニアは、情報を伝える力が必須である。それは、自分の専門について異分野の人にもわかりやすく伝える力である。あるいは、中高生などにもわかりやすく伝えることができる能力だ。

それがプレゼンテーションである。

エンジニアはデータや客観的事実を重視する。職業柄それは当然である、しかし、プレゼンテーションを行なう場合、もうひとつ重要なことがある。

プレゼンテーションは、あなたの主張を相手に伝えるだけでは十分ではない。あなたの主張に対し「なるほど」と思ってもらい、さらに行動を起こしてもらう必要がある。そのためには、心を動かすことが必要だ。心が動く、つまり「感動」だ。

正しいだけでは、人は感動しない。優秀な技術者がアイディアの正当性を裏づけるデータをいくら揃えても、注目されずに終わってしまうことがある。いくら自分の正しさを証明するデータを集めても、綺麗なグラフで表現しても、それだけでは、ほかの人は関心を持つこともないし、賛同もしてくれない。

もちろん、なかには、うまくいく場合もあるだろう。ただ、うまくいかないことが多くなるうちに、あなたは、ほかの人は平均点以下の人間だから、素晴らしいアイディアがわからないと考えるようになる。そうなってしまうと、もはや周りはついて来ない。

そうなる前に考えよう。プレゼンテーションは、相手の心に訴えることが必要だ。ただし、心に訴える前の段階では、客観的事実やデータも必要である。あなたの主張の正しさを裏づける根拠だ。根拠を述べて相手が心を開いてくれたら、後は相手の心を揺さぶろう。そのために必要なものは物語（ストーリー）である。

プレゼン力を高めるストーリーテーリング

ストーリーテーリング、このスキルはぜひ身につけよう。物語には人の行動を変える力がある。相手の主観に直接届く。だから、綺麗な円グラフや折れ線グラフよりも活き活きと現実を伝えることができるのだ。

第1章（21ページ）で書いた、スイスの時計やホンダの開発物語は、より記憶に残ったと思う。では、どうすれば物語を有効に使ったプレゼンテーションができるのか。それは、好奇心と観察である。

豊富な知識を持つ博識な人が優れたストーリーテラーになるとは限らない。もちろん、知識は多いほうがよいかもしれないが、それだけでは自慢話や聴者に対して失礼な話しかできない。

好奇心は、聴者に対するものだ。何を聴きたいのだろう。何を知りたいのだろう。それを考えないプレゼンテーションは、傲慢な自己主張でしかない。

聴者に対し、好奇心を持って観察することで優れたストーリーテラーに近づくことができる。まずはそこから始めよう。

Section 4

エンジニアのためのアイディア発想法①

子供の発想はどこから出るのか？

大人より知識の少ない子供の発想力に驚かされることがある。しかしこの体験は、ジェームス・ウェブ・ヤングがいった「アイディアとは既存の要素の組合せ以外の何ものでもない」と一見矛盾する。子供は、既存の要素も知らないはずだ。何も知らなければ組み合わせようがない。例えば、大人と子供の入り混じったセミナーでこんな質問をしてみる。

「隣の人とペアになってください。なるべく知らない人と組んでください」
「今から、1分差し上げます。その隣の人と共通点がいくつあるか、お互いに話し合ってください」

この時、大人は、住んでいる町、出身地、趣味など、未婚者既婚者など10個程度の共通点を挙げる。これが、ある程度年齢のいった夫婦だとすごいことになる。


「共通点？　住んでいる住所が同じ」

「ほかに何かあるかな？」


1分で1つか2つしか出てこない。そもそもやる気がない。

小学生だとどうなるか。

「腕は2本、足も2本、目は2つ、鼻は1つ、耳は2つ、君運動靴だろ、僕も」と、見ればわかることだから、時間いっぱいまできりがない。これまで、最高で30個ぐらいになったことがある。これは、知識にとらわれない発想である。

いい換えると、95％の既存のアイディアの組合せではない、残り5％のアイディアである。しかし、残念ながらこれを業務や仕事に活かすことはできない。それができるのはいわゆる天才だけである。そして天才の発想方法は公式化されていない。子供の発想もこれに近い。

では、天才以外はどうすればいいのか。引き続き説明していこう。

1つの回答に満足しない

フレドリック・フレーン氏の『スウェーデン式　アイディア・ブック』という本にこんな話があった。

アインシュタインはあるとき、「博士と、私たちのようなその他大勢との違いは何ですか」という質問を受け、こう答えました。

「たとえば、干し草の山から針を探さなくてはならないとします。あなた方はたぶん、針が1本見つかるまで探すでしょう。私は、針が全部、見つかるまで探し続けると思います」

この話は、出典がわからない。しかし、おそらく本当の話だと思う。アインシュタインらしいからだ。

科学者は、技術者と異なり、唯一の真理を探す。それは究極理論と呼ばれるものであり、真理は1つという考えにもとづく。一方、技術者は、機能を実現する方法を考えるから正解は1つにならない。アインシュタインは科学者だがまさに技術者的な発想で、1つの解答に満足せず、常に複数の答えを探し続けていた。これは見習いたい。

Section 5

エンジニアのためのアイディア発想法②

知恵のリサイクル「TRIZ」とは

アイディアを発想するための具体的な方法を紹介しよう。TRIZという発想法だ。TRIZは「トゥリーズ」あるいは「トリーズ」と読む。TRIZは、天才ではない人のための発想ツール、アイディア創出手法だ。

TRIZは、ロシアで生まれ、アメリカ、ヨーロッパで研究されながら発展した。一言でいえば、人類の知恵の有効活用法である。もとは、ロシア語の名称の頭文字をとっている。英語では、(Theory Of Inventive Problem Solving) だから、TRIZにならない。

TRIZは、1950年代にロシアの特許審査官ゲンリッヒ・アルトシューラーによって考案され提唱された。

特許審査官だったアルトシューラーは、提出される「画期的な発明・特許」に日常的に接し、それらを審査していた。そんなロシアの特許審査官として、来る日も来る日も特許を見ているうちにあることを思いついた。

「分野が違っていても、問題解決の手法には共通要素があるのではないか？」と。

そこで、彼は、何百、何千の特許を元※に調査を開始した。発明のコツを抽出し、分類していった。そこから、発明の共通要素を見つけ、法則化したものがＴＲＩＺだ。

ＴＲＩＺは現在もアメリカや日本で研究が続けられている。基本的な考えはアルトシューラーのものだが、細部は進化発展している。ＴＲＩＺを一言でいえば問題を解決するプロセスを一般化したものだ。

この本は、ＴＲＩＺの解説書ではないから、厳密にいえば部分的に異なるところもある。しかし、ここでは実務で使うためにこんな方法があったと覚えてもらえれば十分である。

また、どちらかというと、システムの根本的な変更や改良ではなく、技術者が毎日の業務で直面している個別の小さな問題の解決に向いているツールと思ったほうがいい。「専門分野における問題点の改良・改善」を短時間で行なうためのツールと考えて使うと役立つ。

（※ロシアの特許は、日欧米の特許と少し異なる、どちらかといえば実用新案に近い）

発想ツールの利点を知ろう

ＴＲＩＺの１番の利点は、心理的な壁の打破である。このようなツールを使うと、「それは不可能だ」という最初の壁を打ち破ることができる。

どんな課題解決を考える時も心のなかに「できないのではないか？」という壁ができてしまったら、解決は不可能だ。

ＴＲＩＺに限らないが、いわゆる発想を豊かにするためのツールは最初の一歩を踏み出しやすくしてくれる。また、正攻法ではないひねくれた解決方法も出しやすい。出しやすいというよりも、ＴＲＩＺの方法に従うと、ひねくれた解答が出てくる時がある。

通常、ブレインストーミングなどで、みんながガヤガヤやりあっている時に、奇襲攻撃のようなひねくれたアイディアはいい出しにくい。だが、ＴＲＩＺの手法に従って出たアイディアであれば、いい出しにくくはない。必然的にそうなったからだ。

何度かやって、これに慣れてくると、発想法そのものが豊かになる。また、ブレインストーミングも従来と違ったものになるだろう。

ルナ 16 号のイメージ図

TRIZの有名な説問

ＴＲＩＺは都内でセミナー、勉強会、研究会が開催されている。

インターネットで調べればすぐにわかるが、玉石混淆なので行って後悔しないところとしてアイディエーション・ジャパン（URL: http://ideation.jp/f_company/）をお勧めしたい。実際に行ったなかで一番よかったところだ。

ＴＲＩＺ入門コース（2時間程度）が無料なのもよい（当時）。

ところで、ＴＲＩＺのセミナーに行くと、よく紹介される有名な解決事例がある。次のような説問だ。

「ルナ16号」という月探査船の照明ランプを設

計している。しかし、ランプは着陸時の衝撃で割れてしまう。頑丈なものなら割れないだろうと、取り替えてみたが同じように割れてしまった。このような場合どうすればよいのか。

答えは章末（66ページ）にあるが、すぐに答えを見ずに考えて頂きたい。ただし、ヒントは出しておこう。この問題の考え方だが、丈夫で頑丈なものにする方法はうまくいかないことがわかった。そこで、次の考え方で思考をめぐらしてみよう。

- 他の物質に変えられないか？
- ランプのガラスは何のためにある？
- 必要なのか？

こんな順番で考えればいいと思う。

Section 6

アイディアを工夫して保存する

アイディアの記録方法を考えよう

何のアイディアでも、アイディアは突然浮かぶことが多い。うんうん考えている時は出てこないものだが、突然ふっと出てくることが多いのは、多くの人が経験していると思う。寝る前に情報を頭に詰め込むと、寝ている時に突然アイディアが閃く人もいる。あるいは、散歩中に閃くこともある。

これは、自分の意思でどうにもならないことなので、そのアイディアを失いたくないなら、ポケットに入るメモ用紙、手帳の類をいつも持ち歩くしかない。これは、必ず行なったほうがいい。

鞄にA5やB5のノートを入れていても、それを取り出すまでの時間がもったいない。下手をすると、その取り出すまでの時間で忘れてしまう恐れもある。

だから、思いついた瞬間にポケットから出してメモできるようにしたほうがいい。これは、今のところ最も素早く記録できる方法だが、音声認識のソフトが高性能になってきたから、今後は、「スマートフォンを使った音声メモ⇓テキストデータに自動変換」となるのかもしれない。

ICレコーダのほうが小さいから、これを持ち歩いて、レコーダに向かって話す方法もあるけれど、結局2つ持つより、1つのほうがいい。もっとも、スマートフォンは、まだバッテリーの持ち時間に多少不安はある。

音声認識ソフトの認識率が向上し使い勝手がさらによくなれば、ふと思いついたアイディアを失う恐れはかなり低下する。どんなメモの達人より、スマートフォンに向かって話すほうが早いし、記録そのものを失う恐れは少ない。

音声で記録したままだと、後で検索するのが大変だ。現在は、音声認識ソフトの精度がとてもよくなっているから、早めにテキストに変換したほうがいい。

松下村塾で有名な幕末の思想家、吉田松陰は、「書を読んだら、自分の感じる所を抄録しなさい」と門下生に教えていた。もちろん、自らも本の重要箇所を抄録、つまり、抜き書きしていた。読書をしたら必ず抜き書きをしてノートを作成していたのだ。

アイディアの保存とは別に「発明用のノート」を持つ

突然湧き出すアイディアは、前述したようにスマートフォン、あるいはＩＣレコーダに向かって話すほうがいい。しかし、それとは別にＡ５、またはＢ５ノートを持ち歩くこともお勧めしたい。これは目的が異なる。要するに記録用ではなく発想用、アイディアあぶり出し用である。

すでに述べたが、新しいアイディアというものであっても、それはすでに存在しているアイディアの新しい組合せである。例えば、「コペルニクス的大転換」というけれど、ニコラウス・コペルニクスが唱えた「地動説」だって、プラトンの時から存在した太陽中心説の考えがもとになっている。コペルニクスの独創という訳ではない。

さらに、独創的な業績を残したと思われる人でこんなことをいっている人もいる。

「科学的創造性とは、拘束衣を着た想像力である」（物理学者リチャード・ファインマン）

何度もいうが、全く新しいアイディアというものは、ほとんど存在しない。古いアイディアの新しい組合せ、または改良が存在するだけだ。

それを効率よく行なうためには、例えば、前項で紹介したＴＲＩＺがある。まさに古いアイディアのリサイクル方法だ。

少し大きめのノート（システムノートより大きいという意味）を使って、思いついたことを書いたり、図にしたりしていると、アイディアがまとまりやすい。発想の原点は手の動きにあるのではないかと思うほどだ。

手には多くの神経が集まっている。手を動かすことでこの神経が活性化され、脳も刺激を受けるという考えがある。もちろん、確証はない。脳の話に厳密な科学性はないと思うが、事例だけならある。反論もあるだろうが、多くのアイディアマンたちが手書きノートの重要性を認めていることは間違いない、当面は信じていいだろう。

もうひとつ、なぜノートがシステムノートではダメなのか、ということも考えてみたい。これも、どうしても大学ノートでなければならないという訳ではない。しかし、B５ノートは日本全国のコンビニエンスストアで購入できる。残りのページが少なくなっても補給のことを考えなくてもいい。

また、システムノートはやはり面積が狭い。真ん中のリングも邪魔だ。そんな細かなことで自由な発想を妨げられるのは、つまらない。図でも、言葉でも、イラストでも自由に表現しようとすると、ある程度の大きさがあるほうがいい。それがB５ノートであり、最低でもA５ノートだ。

文房具は、個人個人のこだわりが強く出る道具なので、書き出すと切りがないが、アイディアにとって大事なことなのでもう少し説明する。

失敗学会の副理事であり、東京大学工学部教授の中尾政之教授は、モレスキンのノートを常に持ち歩いている。そのノートには絵や図が豊富に記入されている。文章は少ない。こんな使い方もあるのだろうと思いながら見せて頂いた。

モレスキンのノートは大きな文房具店でなければ手に入らない、東京や大阪なら容易に入手できるだろうが、地方ではそうはいかないだろう（通販で入手可能ではある）。ピカソが使っていたとか、ゴッホも持っていたとか、歴史あるノートだから逸話は面白いが、そういったことに気持ちが動かないのであれば、普通のキャンパスノートで十分だと思う。ただし、シワになったり折れたりするので、カバーに入れたほうがいいだろう。

ノートの達人になる

では、どうするとノートの達人になることができるだろうか？

これは、ひたすらノートを使うことである。記憶していることを記録して、ひたすら書いて眺める。日付を記入するのは癖になるまで行なう。基本的にこれを繰り返すうちに誰でもノートの達人になることができる。また、そうなるまで、書き込んで眺めて、読み返すべきである。

絵のうまい人は絵で書けばいい、図で描いてもいい。絵や図が苦手なら言葉で書けばいい。自分のために記録するのである、後で読み返してわかりやすく書けば問題ない。

時々あるのが、記録するけど後から見ないという使い方だ。これは、何にもならないし、使い方も上達しない。人と話をしている時に、メモをとる人がいるけれど、後で読み返す人はあまりいない。これでは、絶対に上達しないし、何時までノートを使ってもノートの達人になれない。

書いて、読み返して、使いにくいと思ったら改良する。これを繰り返すことで誰でもノートの達人になることができる。

そして、ノートの達人になることがアイディアの神様になる近道だ。

〈59ページのTRIZの説問の解答〉

月探査船のランプは、ガラスが必要だろうか？　ここから考えて欲しい。白熱電球のフィラメントは空気中の酸素で酸化してしまうのを防ぐためにガラスで覆われている。それが電球のガラスである。しかし、空気のない月面ではガラスで覆う必要がないのだ。つまり答えは、ガラスは不要ということである。

Chapter 3

知識をインプットして経験の糸でつなごう!

……求められる能力をブラッシュアップ

「ポローニアス：ハムレット様何をお読みで？
ハムレット：言葉だ、言葉、言葉」

シェイクスピア「ハムレット」第2幕第2場（福田恆存訳）

Section 1

π型エンジニアを目指すために必要な読書

読書は徹底的に行なう

最近、本が売れないらしい。出版業界は毎年数百億単位で業界全体の売上規模が縮小しているという。この本を読んでいる方は、大半が大学などで専門分野を修めた人だと思う。もしかしたら、まだ学生・院生で現在進行形の人もいるかもしれない。

学生は本を読まないという話だが実態はわからない。買わずに図書館の本を貪る(むさぼる)ように読んでいるかもしれない（とはいえ、家の近くの図書館で見る人は、宿題をやっている高校生か新聞・雑誌を読んでいる老人が多い）。本を購入するのは20～30代のサラリーマンが一番多いというデータもある。

ここで、自らの読書時間や読書冊数を振り返って欲しい。本気で第1章で説明したπ型エンジニアを目指すのであれば、20歳から50歳までの30年間、毎年１００冊程度の読書はすべきだ。もちろん、雑誌や漫画は除く。年間100冊ということは、週2冊だから、それほど大量ではない。読む人はもっと多いかもしれない。しかし、ここで重要なのはそれを30年続けるということだ。1年2年ではダメだ。

年間100冊を30年、そうすると3000冊読破することになる。万巻の書物ではないがその3分の1にはなる。また、50歳までとしたのは、50歳になったら本を読まなくてもいいということではない。50歳になったらこの本が唱えている「成長戦略」は不要になる。成長戦略が必要な年齢ではないということだ。

50歳といえば孔子様なら「天命を知る」といった年齢だ。本の読み方もおのずと変化するはずだ。

20～50歳まではあくまで、自分を成長させるつもりで本を読もう。

10年に1度『現代用語の基礎知識』の読破の勧め

『現代用語の基礎知識』という大辞典のような本がある。人気があって毎年暮れに発行されていて、見たことがある人も多いと思う。

自由国民社のサイトには2016年10月28日時点で次のように紹介されている。

『現代用語の基礎知識　２０１６』
外交、防衛、労働、農林、原子力から
地震・火山、建築、女子、若者、ゲームまで。
言葉の解説を通して、現代社会の核心が読める
日本でたったひとつの新語・新知識年鑑
Ａ５判／１４４４ページ
２０１６年１月１日 発行

１４４０ページとはいえ、目次や索引もあるから、実際に読む部分は１２００～１２５０ページ程度である。どの時期を起点にしてもいいから、この本を10年に１回程度読破することをお勧めする。それほどたいしたことではない。通常１ヶ月強で読み終わる。１日につき30～40ページ程度は読める。やってみると、心理的な壁のほうが高いことがわかる。

分厚い本だから持ち運びも大変、鞄に入らないと思う方もいるだろう。しかし、心配無用だ。次のようにすればいい。

この本をまず、背表紙をノコギリで切断する。ホームセンターなどで切断してもらうと綺

麗に切れるが自分で切ってもいい。そうすると、本は紙1枚ずつバラバラになる。これを毎日17~20枚を鞄に入れて電車のなかで読む。切ってバラバラの紙になった本は、机の上にそのまま置く。また、読んだ部分は捨てること。それで700枚強の紙の山が毎日少なくなっていくことが目で見てわかる、いい換えると達成感が生まれる。

もちろん、全て頭に残ることはない。しかし、逆に全て忘れることもない。これを10年に1回程度やるだけで、頭のなかに知識のベースキャンプのようなものができる。これが、後の勉強にとても役立つ。

120分の1の労力と考える

10年は120ヶ月。そのうちの1ヶ月を『現代用語の基礎知識』の読破にあてる。時間でいうとわずか、120分の1だ。無駄な読書かもしれないが、120分の1程度の無駄遣いならそれほど気にしなくてもいい。

人間の記憶は、すでに記憶にあるもの（頭のなかに入っているもの）に関係することなら覚えやすい。普通の日本人が外国人の名前を覚えにくいというのは自分の知っている範囲のなかに外国人の名前があまりないからだ。しかし、例えば、仕事の関係で外国人を紹介されてその人の名前が「トランプさん」だったとしよう。そうすると、「アメリカ合衆国第45代大統領ドナルド・トランプ」と同じなので、たいていの場合、1回で覚えられる。

それと同じで、『現代用語の基礎知識』を読むと、現代の様々な分野に関するキーワードの基礎知識のベースが頭のなかに構築される。何か新しい分野の勉強を始める時にそれが役に立つ。

「そういえば、この言葉は、こんな意味だった」と思い出すことができる（すっかり忘れていても落ち込むことはない）。これが、知識の吸収と理解を早めることになる。だから、無駄になることはない。それがわずか120分の1の無駄遣いで手に入るのだ。費用は3000円強である。

本はバラバラになってしまって、後は捨てるしかないがそれはあきらめよう。トイレットペーパーになら交換できるだろうが、1冊では1巻にもならないだろう。しかし、エンジニアとして生きていくのなら、この投資は行なったほうがいい。

Section

2

知識は雑学と思ってどんどん吸収しよう

時間を惜しんで知識を吸収する

いかに体系化された学問でも知識そのものは雑学だ。点として存在する雑学を結ぶものは経験しかない。それは、次節で述べるとして、知識は雑学であることを知って、その雑学を頭に入れればいい。

今は、インターネットの時代で何でもすぐに調べられるから、知識を頭に詰め込むことに何の意味もないという人もいるけれど、それは違う。頭がいっぱいになるくらい色々な情報が入っていないと、考えも熟成されない。特に、若い時は色々吸収したほうがいい。時間を惜しんで読書にあてることで、エンジニアとしての人生が後々楽しくなる。

また、若い人は分野にとらわれず乱読したほうがいい。もちろん、好きな分野があってこの分野の本を読みたいというものがあればそれでもいい。しかし、若いうちからあまり専門にこだわると、第1章で書いた通り、こだわりで失敗する場合もある。また、新しい組合せを考える時に検索範囲を自分で狭くしてしまうことにもなる。だから、なるべく広い範囲から本を選ぶといいだろう。工学以外なら、心理学や歴史（科学史や工学史でなくてもいい）を特にお勧めする。

どのように読めばいいのか？

現代用語の基礎知識を10年に1度読むのは、とてもよい方法だが、急に何かを調べる時には間に合わない。こんな時は、別の方法もある。それも紹介しよう。

まず、調べたい分野の本を探すのだが、最初の1冊はネットで購入せず書店で中身を確認してから購入する。その最初に選ぶ本は、その書店にある関係図書のなかで一番薄くて読みやすい本を購入する。初めからまとめて購入しないほうがいい。著者や出版社も気にしなくていい。自分の好みで選ぶこと。

それで、とにかくその薄くて簡単に読める本を早めに読むことだ。これで、下調べが完了する。この事前調査によって、その調べなければならない分野の概略はわかる。予備知識を得たところで、今度はその分野の専門的な本を選んで読むといい。最初に買った本のなかで紹介されている本があればそれを選んでもいい。予備知識があれば、本の選び方もわかってくる。つまらない本をつかまされずにすむ。

この方法で、専門書を10冊ぐらい選んで読むと、たいていの分野なら専門家と話ができるようになる。時間にして、1ヶ月〜1ヶ月半だ。この方法で計画的に様々な分野の勉強を繰り返す。

もちろん、時間が経って忘れてしまうこともあるし、逆にさらに興味が沸いて深く言葉を調べたくなることもある。その場合、興味のある分野を、ある程度マスターしたいと思ったら、当然繰り返し同じ本を読む必要がある。これには、次の方法を使う。この時、買った本を古本屋に売るとか、ネットオークションで売ることを考えてはいけない。

本には、線を引いたり、付箋を貼ったりしながら読む。ノートをつける人もいるし、今では、スマートフォンで写真を撮ってそれをエバーノートなどのクラウドドライブに保存する人もいる。しかし、時間と手間を考えると、赤ボールペンで線を引くのが一番早い。別に「3色ボールペン」でなくてもいい。そして、読み終わってから、数日後、1週間以内に線を引いたところだけをもう一度読み直す。

この時、線を引いたのはなぜかを考えながら読むといい。自分の考え方をなぞるように読むことができる。正直、2回目の時のほうが新しい発見がある（これをセミナーで話したら、「3回読むのは無駄ですか？」と質問された。別に無駄ではない。読みたいという欲求があれば何度読んでもいい）。

最後に、自分がある程度理解したことを確認する。それは、どうするのか。自分の言葉でアウトプットすることが一番いい。何かを理解したかどうかは、そのことを自分の言葉で言い直すことができるかどうかで、概ね判断できる。

読むスピードと理解度の関係

速読は人気が高く、各地でセミナーも開催されている。1日で数万円のセミナーもある。それで速読をマスターして本を読みまくるつもりなのだろうか？

漫画や雑誌を除いて、本は年間4万点程度発行されるらしい。全てを読むのは無理だし、その必要もない。前述したように毎年１００冊を計画的に読むほうがいい。計画的といってもあくまで分野の話であって、具体的にどの本ということではない。

とにかく速度を上げて、毎日1冊、月に30冊読むのがいいのか？　あるいは、ある程度精読して月に10冊程度がいいのか？　一概には決められないが、エンジニアの成長戦略としては後者を勧める。

読み返して、記憶に定着させることも必要だからだ。

また、すでに頭のなかにある知識に関連することは記憶に残りやすいから、本はある程度関連性のあるものを順番に読んだほうが効率はいいし、理解も早い。

例えば、前述した『現代用語の基礎知識』でも、これまで西暦で1990年、2000年、2010年と3回読破した経験があるが、明らかに早く読めるようになった。1回目の時は、40数日かかったが、3回目は33日で読了している（ページ数が多くなっているにもかかわらずだ）。

また、どうしても早く読みたい場合は、次の方法が最も簡単な速読法だ。

そもそも、本は著者の何かに対する意見・主張が書かれている。加えて、その意見や主張の根拠を事例やデータで示す。この時、よく知っている著者で「この人の意見はいつも納得できる」というのであれば、意見だけ読んで、根拠を読む必要はない。これだけで、1冊の本の読む字数は半分以下になる。初めて読む著者であっても、1つの事例でその意見に納得できれば、後は読まなくてもいい。本は全て読まなければならないという考えがそもそも間違っている。

どんな本も全てのページを読むと決めてかかると、かえって時間を無駄にしてしまう。

基本的に、速読というスキルは、必要・不要の判断を読みながら行なうだけである。ただ、内容の理解だけでなく、それが必要なのか不要なのかの判断をしながら読むため、少しエネルギーの消費が多い、疲れる読み方だ。ビジネス系の新書200ページ強の本を1日2時間、2日間かけて読む時と、1時間で読み終わらせる時では疲労感が全く異なる。このことを経験されている方も多いだろう。

感覚的な話になるが、精読している時は、著者と対話している感じで、速読している時は、著者の講演を録音して倍速で聴いている感じといえばわかるだろうか。

倍速の視聴にチャレンジしてみよう

1日が24時間なのはどんな忙しい人でも、暇な人でも同じである。時間は全ての人に平等だ。後は使い方だけの問題だ。

家に帰ってゆっくり風呂に入って、ソファに座ってテレビを観ながらビールを飲むのは極楽かもしれない。しかし、いつもそれでは時間は足りない。テレビのニュースなら録画して倍速で視聴するほうが効率はいい。

会社員時代は、昼休みの1時間で映画のＤＶＤを倍速で見ていた。この方法だと、2時間の映画が昼休みで見終わる。ニュースも2時間録画して倍速＋飛ばし視聴なら、45分程度で見終わる。これで十分世のなかの流れについていける。というより、毎日これをやると、普通の人より世のなかの流れに詳しくなる。

せっかく昔と違って便利な機器が揃っているのだから、そのくらいの投資は行なうべきだと思う。昔は、VHSのテープに録って山積みのテープを整理したり、早送りしたりと、大変だった。しかし、今はハードディスクに入っているから、検索してスイッチオンでおしまいだ。

映画も倍速で慣れてしまうと、見終わった時、通常の時間の流れが遅く感じることがある。ただし、この方法では、映画音楽は楽しめない。

もちろん、映画やテレビは不要というのならそれはそれでいい。ただ、よくできた映画やドラマ、報道番組などはやはり勉強になる。また、セミナーや講演で話の本題を繋ぐときの話題にできる。話のネタ帳に使えるものは多いほうがいい。速聴はそのためのノウハウだ。

ここで、ひとつだけ注意がある。速聴や速読は脳を活性化させて、頭をよくするというような主張があり、また、それに関したセミナー、商品も売っている。エンジニアであれば、まともに信じる人はいないと思うが、全て何の根拠もない。速聴や速読はあくまでも、時間を節約するためのノウハウだ。

Section

3

バラバラな知識を「経験」でつなぐ

ジョブスの「点」の話……いつか点と点は繋がると信じる

単純なノウハウであっても、未経験ではうまく使えないことが多い。前述した通り、知識はしょせん雑学だ。その点として存在する雑学を繋ぐのが「経験」だ。頭のなかのバラバラな知識は経験の糸で結びつけられ、関連づけられていく。それがエンジニアとしての成長である。

アップルの創始者スティーブ・ジョブスがスタンフォード大学で行なった有名な講演がある。そのなかでジョブスは、点を繋ぐことの重要性を話している。

およそ次のような内容だ。

点と点を繋ぐことはその時にはできない。君たちができるのは、過去を振り返って点が繋がっていると知るだけだ。だから、今の点と点がいつの日かどこかで何かの形で繋がると信じて欲しい。あなたの努力、運命、人生、何でも構わない。その点がどこかで繋がると信じれば、たとえ人と違う道を歩んでも、自信を持って歩くことができる。

繰り返すが、知識はあくまで点だ。極論すれば全ての知識は雑学だ。その雑学としての点である知識を繋ぐのが経験である。

例えば、エンジニアなら、大学で実習や実験を経験していると思う。机の上で学んだことを実際に試しているはずだ。実験や実習は理論通りに行くとは限らない。うまく行くほうが少ない。その経験のなかで、試行錯誤を繰り返し、バラバラの知識は結びつけられていく。ジョブスの場合は、実験や実習ではないけれど、社会に出てからの実務のなかで、昔学んだ知識がコンピュータのデザインに役立ったのだ。

何でもコンピューターで検索すればよい時代にあえて活字のデータを頭のなかに入れまくることは無駄にはならない。アップルのコンピュータを好きで使っている人なら、なおさらジョブスの言葉を思い出して、点となる知識の吸収に励んで欲しい。

糸は経験を重ねる毎に太くなる

ジョブスの場合は、大学で学んだカリグラフィ（西洋や中東などで文字を美しく見せる手法）の知識が後年思いがけないところで役に立ったという話だ。これと似た経験をしている人は多いと思う。学生時代のアルバイトの経験が思いがけないところで役に立つこともある。

いずれにしても、点として頭のなかにバラバラに存在する知識は経験を重ねる毎に、糸で結ばれていく。またその糸は経験が積み重なるほど太い糸になっていく。

これを、脳神経のネットワークと無理に関係づけることはない。シナプスの繋がりが経験によって形成されるという話（学説）は時々ニュースなどで散見する。しかし、本当かどうかはわからない。だから実際の脳神経の繋がりと、知識が経験の糸で繋がれるということの関係は気にしないで、ただ単に経験によって知識を繋ぐと思っていればいい。

残念ながら、脳神経の構造や脳の働きに関しては、ごく最近になって研究が始まったばかりだ。とても興味深い分野だが、まだわからないことだらけである。ほとんどのところは、まだ何ともいえないという説が多い。数年前に本で読んだ知識が、最近の研究によって間違いだったと指摘され、どれが正しいのか判断がつかなくことも多々ある。

だから、脳のなかの点として存在する知識が、経験の糸で結ばれるというのもあくまで比喩として考えて欲しい。

しかし、このように考えると、脳神経のことにも興味が沸いてその分野の本を読んだり、ネットで調べたくなったりするものだ。とっかかりとしては、それで十分。少なくとも、脳神経科学の専門家でない限り、そこは気にしなくていい。

認知科学自体は、設計にも活かされている。人間が操作ミスをしないように設計するにはどうすればいいのか？　これには、今後の認知科学の成果をとり入れることになるだろう。

自分の興味の範囲を広く持つだけで知識の吸収には有利になるし、調べること自体が楽しくなる。好きで調べるのと、嫌々調べるのでは効率も異なるし、体に与える影響も異なるだろう。

点として存在する知識を、あなたの経験で繫ぐ。イメージとしてはそう考えてみよう。

Section
4
自分ならではのコンピテンシーを持つ

能力を測る「コンピテンシー」とは

「コンピテンシー」はひと頃、人事評価などで話題にもなったが、最近ではあまりいわれなくなった。コンピテンシーは、遅くとも１９７０年代に出現している。だから誕生以来すでに40年以上を経た言葉だ。

ハーバート大学のマクレラント教授（心理学）が、学歴や知能が同等と評価されている外交官に業績の差が出るのはなぜかというところに着目し研究した。その結果、知識、技術、人間の根源的特性を含む広い概念としてコンピテンシーという言葉を発表したのが始まりだ。現在も米国ではコンピテンシーと人事採用選考が結びつけられて議論されることが多い。「コンピテンシー採用」というものもある。

エンジニアにはお馴染みの、ＩＳＯ９００１のなかでも、人的資源の「力量」評価のところで、職務遂行能力としてこのコンピテンシーが使われている。ようするに「力量」とは「コンピテンシー」のことだ。学術的な話やＩＳＯは置いておいて、普通にいえば、知識やスキル、モチベーション維持など広く含んだ職務を遂行する能力だ。

知識や、やる気だけがあっても、個々の組織のなかではそれが活かしきれない時もある。あなたの周りを見て欲しい。知識・スキル共に素晴らしいのに、なぜか仕事の成果の出ない人。逆に、知識・スキル共ごく平凡なのになぜか成果はずば抜けている人。マクレラント教授は、そんな人たちにフォーカスして優れた成果を残す人には何か共通の要素があるはずだと考えた。それをまとめたのがコンピテンシーだ。

役割や立場なども考え、周囲の状況も考慮に入れながら、目的を達するには、知識やスキル、やる気のほかに何が必要なのか？

そのため、人事評価にコンピテンシーを入れている企業は、個人のコンピテンシーを、「親密性」「傾聴力」「ムードメーカー」「計数処理能力」「論理思考」などで評価している。もっとも、見てわかる通り、この評価自体が難しい。もし、自分の組織がコンピテンシー評価を行なっているのであれば、前述した項目に注意して行動すると、評価が上がるはずだ。

自分のコンピテンシーを常に意識する

組織の人事評価を別にしても、エンジニアは、自分のコンピテンシーを意識したほうがいい。あるいは、コンピテンシーを持つことを考えたほうがいい。従来の日本型人事評価では、「協調性」「積極性」「規律性」「責任性」などに重きを置かれて評価される。これらは、集団のなかでうまく業務を行なうために必要だ。

それに対し、コンピュータは、個人の能力をより強く評価している。そして、これからのエンジニアは、グローバル化のなか、世界の基準を意識して業務を遂行するしかない。殻に閉じこもるよりも、外を見よう。そのほうが活躍できる場も広い。

技術士試験の対策講座を主催していて思うことがある。やはり、エンジニアは口下手な人が多いということだ。解答論文の書き方が、そもそも口下手である。書き方が口下手とは変ないい方だが、自分の主張を相手にうまく伝える技術が不足しているということだ。

コミュニケーション能力は、これから増々重要視される能力である。もちろん、日本語だけではなく、外国語の能力も必要とされる。しかし、英語やほかの言語を堪能に使えるようになる前にまず、日本語のコミュニケーション能力を磨こう。まずは、聞き上手から始めればいいが、その次は文章伝達能力や、プレゼンテーション能力も重要だ。技術屋は技術のことがわかればよいという時代はとうに終わっている。

成果を上げ続ける人になるために

コンピテンシーは、知識やスキルと異なる能力の尺度である。日本語に置き換えるには難しい言葉だが、無理矢理日本語で平たくいえば、「仕事のできる人の行動特性」である。要するに、その人の何が仕事の成果を出させているのか。そこに焦点を当てている。

通常、現代のエンジニアはチームを組んで業務に当たるから、チームのメンバーとして他のメンバーとうまく活動できない人は成果を出せないことが多い。天才的なエンジニアであれば別かもしれないがそういう人はこの本を読まないだろうし、滅多にいない。

専門的な能力・スキルが高いだけでは成果につながらない。広く森を見ながら、細部の木を観察できて、それを他の人とも共有できなければならない。

あなたの周りで成果を上げ続けている人は、そんな行動特性を持っているはずだ。能力だけで成果を上げることもあるだろうが、けっして長続きはしない。テレビタレントでいえば一発屋ということだ。ビジネスマナーや社会的・一般的な常識も含め、広く知識を身につけながら、専門的な部分を深く追求することで、コンピテンシーは上がっていくだろう。

Section

5

財務諸表を覚えるよりも経営感覚のほうが大事

簿記の知識は必要なのか

エンジニアでありながら、簿記や会計学の講座、セミナーを受ける人は意外と多い。そもそも簿記や管理会計の本はやたらと「簡単にわかる〜〜」といったタイトルが多い。一番驚いたのは、「1秒でわかる〜〜」といった本だが、これはまあタイトルだからよしとする。

逆説的だが、これだけ「簡単」「誰でもすぐに」「○時間（秒）で」と宣伝してタイトルをつけるのは、それが難しい証拠である。何が難しいのか。それを実際に使うことがないから難しく感じるのだ。ある意味、語学の勉強と同じだ。

経理部門にでもならない限り、「簿記」の知識は必要ない。現場で生産管理を行ない、原価の計算をする上で、簿記の知識は不要だ。

エンジニアは、簿記よりも経営感覚が求められる

簿記あるいは、管理会計の詳細な知識より大くくりで経営感覚を磨いたほうがいい。ではその経営感覚とは何か？

これは感覚だからわかりにくいところはあるが、およそ次のような要素を含んでいる。

すなわち、

経営感覚＝コスト意識＋現場に対する観察力＋観察にもとづく先見性＋金と時間のバランス感覚

経営者としては、不足があるかもしれないが、現場のエンジニアはこれを身につければ十分だ。あまり、詳細な部分にこだわって全体が見えなくなるのはマイナスだ。

もちろん、経営感覚が身についた上で、詳細な簿記の知識を学ぶのは一向にかまわない。

ただ、逆はお勧めしないということだ。

では、作業の現場では何を観察すべきか？

これは、毎日の観察のなかで変化を見つけるしかない。あるいは違和感といってもいい。

もちろん、よい方向の場合もあるし、悪い方向の場合もある。在庫に限らずものが急に増えたり、減ったり、光熱費が大きく変化するなども「あれ?」と感じたらそこから調査すべきだ。これは、安全対策にもいえることである。生産現場でも、屋外の現場でも、あるいはソフトウェアの開発現場でも、違和感を見つけることは重要である。

Section

6

知財に関する法律はあなたを助ける

知財に関する法律を知る

知財に関する法律は大きく分けて2つである。

まず、工業所有権四法と呼ばれる、特許法、実用新案法、意匠法、商標法を含んだ、「産業財産権法」だ。大方のエンジニアはこれを理解すればいい。

次に、狭義の「知的財産権法」に分類される、著作権法・不正競争防止法・種苗法である。法的に厳密な定義では解釈が異なる場合もあるが、大きく2つに分けられることと、そのなかでさらに、四法、三法に分けられるところまでは理解したほうがいい。

また、詳細を理解したほうがいいのは、特に「工業所有権四法」と呼ばれる、特許法、実用新案法、意匠法、商標法の4つである。引き続き説明していこう。

実用新案法

実用新案法の目的は、第1条にある通り、「この法律は、物品の形状、構造又は組合せに係る考案の保護及び利用を図ることにより、その考案を奨励し、もつて産業の発達に寄与する」ところにある。また、考案とは、第2条で定義されているが、自然法則を利用した技術的思想の創作のことだ。

これは、特許と比較して何が異なるのか？

簡単にいえば、特許は出願から実体審査を経て登録という過程を経て権利取得を行なうが、実用新案は出願→登録の過程で権利取得を行なうことができる。

実用新案では実体審査が行なわれないため、権利取得に対する期間と費用を安く済ませることもできる。

大雑把にいって、３ヶ月程度と早期の権利取得が可能であり、権利取得にかかる費用も自分で出願すれば3万円程度で済む（弁理士に頼む費用は別）。

そのため、高度なものではないと自分で考えるのなら、低コストで早く権利化を図りたい場合に有効な方法だ。

もちろん、よいことばかりではない。実用新案権制度では実体審査が行なわれないまま権利が設定登録されてしまう。したがって、その有効性について客観的な判断がなされない。権利を行使する場合は、当事者が権利の有効性を示さなければならない。

現在では、商品サイクルがとても短く、特許を出願していては間に合わない場合以外に実用新案を出願することはあまりない。

意匠法

意匠とは、一言でいえばデザインだ。

商品は、その性能だけでなく外見的な魅力も重要だ。頭をひねって、苦労して考え出したデザインを勝手に真似されるのは製作者としてはたまらない。それを防止しようというのが意匠法である。

これも条文から説明する。意匠法第1条には、「この法律は、意匠の保護及び利用を図ることにより、意匠の創作を奨励し、もつて産業の発達に寄与することを目的とする」とあるため、これも特許などと同じ、あくまでも「産業の発達に寄与する」ことが目的だ。

加えて、当然のことながら意匠法は日本以外の諸外国でも設けられているが、その保護すべき対象が創作物なのか、あるいは創作の結果物かによって、各国様々である。要するに統一的な見解はなく世界で統一的な条約は存在しない。

商標法

これは、文字や記号、図などのマークを出願して登録した商標の使用を独占し、他人の使用を排除する権利だ。特許庁に出願し、審査に通れば登録できる。有効期限は10年間で終わる。審査はそれほど厳しいものではなく、同じものが出ていなければ出願することで、1ヶ月程度で登録される。また、何度も更新できるが、出願や登録、更新には費用がかかる。

主に、出所表示や、品質保証機能、さらには広告機能を有する。トレードマークとは、この商標のことだ。

また、商標に関する法律も世界統一ではない。出願時の審査の有無による違いもある。さらに、先使用主義（米国など）か先願主義（日本、ヨーロッパなど）かどうかなどが、国によって異なっている。そのため、保護を求めたい国に直接出願するか、マドリッド協定議定書による国際出願をしない限り、保護は国内に限定される。海外では通用しない。

注目を集める知的財産権管理技能士とは

2008年、技能検定制度で認定される技能士に、新しい職種が加えられた。知的財産権管理技能士、略称「知財技能士」だ。これは、弁理士のように独立・開業して知財に関する法的手続きの代行をする資格ではない。あくまでも会社や団体のなかで知的財産を適切に管理・活用して、その企業や団体に貢献できる能力を有する人の資格である。

弁理士のように難関資格ではないから、エンジニアで知財に詳しくなりたいと考えている人は、自身の知識と理解を確認するために、受験を目指すのもいい。

3級から始まるが、3級は特に受験資格はないため、誰でも受けられる。試験は、知識を確認する択一式と実務能力を確認する記述式試験に分かれる。テキストを確認すればわかるが、3級では知識も不足である。普通の企業で知財を扱うには2級取得レベルが望ましい。

詳しくは、知的財産教育協会のサイトをご覧いただきたい。

http://www.kentei-info-ip-edu.org/

Section 7

特許は誰のものかを考えてみよう

特許法とはどういうものか

特許法の目的は次の第1条で示されている。

（目的）

第1条　この法律は、発明の保護及び利用を図ることにより、発明を奨励し、もつて産業の発達に寄与することを目的とする。

誤解が多い法律だが、特許法の目的はあくまでも産業の発達だ。発明者の利益を守ることは目的とされていない。発明の保護及び利用を図ることは法律の文言のなかにある。しかし、それはあくまで「産業の発達」に寄与するためだ。

そのため、これも誤解が多いが、ほとんどの国において特許は出願から、一定期間を経て公開されてしまう。

出願公開は、世界の大抵の国において出願から1年半後に自動的に行なわれる。公開されただけでは最終的に特許化されるかどうかわからない。しかし、元々、発明者の利益を守るために特許制度があるのではない。そのため、公開と独占のバランスをとる目的でこのような公開制度がある。

特許制度の基本は、技術的アイディアの公開の代償として一定期間の独占を与えることで発明を奨励しているだけだ。根本の目的は産業の発展である。しかし、「何も公開することはないだろう」という人もいるが、これにも、しっかりと理由がある。

大きくは次の4つの理由になる。

1　アイディアが公開されると、それと同じアイディアを考え出願しても特許化できないことがわかる。
2　同じ国内の場合、後から出願されたものが排除される。
3　どの範囲で特許化されるのかその範囲もわかる。
4　出願人は、保証金請求権を持つことができる。

概ね、この4点が公開の理由になっている。アメリカなど、他国の特許制度を調べても、ほぼ同じだ。

特許は、出願すればよいという訳ではない

とはいえ、前述した特許の考え方は理想論でもある。インターネットが発達し国境の垣根を超えて、情報は閲覧され調べつくされる。日本の現行制度では出願から18ヶ月で特許内容は公開されるが、途上国のエンジニアがそれを調べて模倣するケースが増えている。その模倣品が海外から日本市場に入ってくるのだ。これでは、出願したことが失敗だったということになる。

では、何でも特許を出願しないほうがいいのだろうか？　暗黙知に当たるようなノウハウ、技能に分類されるものは特許出願しないほうがいい。食べ物の味に類するものも出願しないほうがいい。逆に形式知化されたものは特許を出願して守るほうがいい。

見るだけで真似ることができるものは、特許で一定期間守るほうが得である。もっとも、中間的な要素のものもあるから、そこはその都度判断するしかないだろう。

ひとついえることは、何でも特許を出願すればいいのではなく、出願は全て間違いでもないということだ。ある意味、特許は人類の財産である。

特許は、事業に活かして初めて価値が出る

これは、当たり前だと思うかもしれないが、意外と活かされていない。

世のなかには発明好きな人もいて、アイディアを考えるとすぐに特許を出願する人もいる。弁理士に頼まなければ、それほどお金はかからないから、それはそれでいいと思う。しかし、事業に対し、何ら効果を発揮せず、ただ、特許庁に出願料を払うだけの特許も多い。登録される、されないにかかわらず、ただ出願するのは無駄だし、特許の第一目的である「産業の発達にも寄与」しない。

例えば、21世紀の今日でさえ「永久機関」と称する特許出願が2000年以降だけで20件程度ある。名称を「永久機関」としないで出願するものもあるから、正確にはもっと詳しく確認しないとわからない。発明の名称を「永久機関」にしない場合のほうが多いだろうから、今でも年間10件~数十件は、永久機関の特許出願があると想定される。

この本を読む人でそんなことをする人はいないと思うが、いたずらに特許を出願するのは、

とんでもない無駄だし、ほかの審査の邪魔でしかない。

念のために説明するが、そもそも発明とは特許法第2条にある通り、「この法律で『発明』とは、**自然法則を利用した**技術的思想の創作のうち高度のものをいう。」と定義されている。（※強調は筆者）

「永久機関」は、それが第1種だろうが、第2種だろうが自然の法則に逆らっている。元々自然の法則を利用していないのだ。

次ページのような図をあなたも見たことがあると思う。、17世紀にイギリスのウースター侯爵が考案した永久機関。車輪をひと押ししてやると、永遠に回り続けると考えられた。今なら、笑って見ることができるが、永久機関に憑りつかれた人たちは技術史のなかに大勢いる。現代でも出願している人がいるのだから、その魔力の大きさがわかるだろう。

永久機関の話は置くとして、特許は出せばよい訳ではない。自社の成長戦略と合わせて考えなければならない。

また、特許庁でも、「戦略的な知的財産管理に向けて──技術経営力を高めるために──〈知財戦略事例集〉」という事例集を公開している。

このなかでも「自社が事業で活用することを明確に意識して研究開発を行い、その成果物を知的財産と認識し」とある。その通りだと思う。

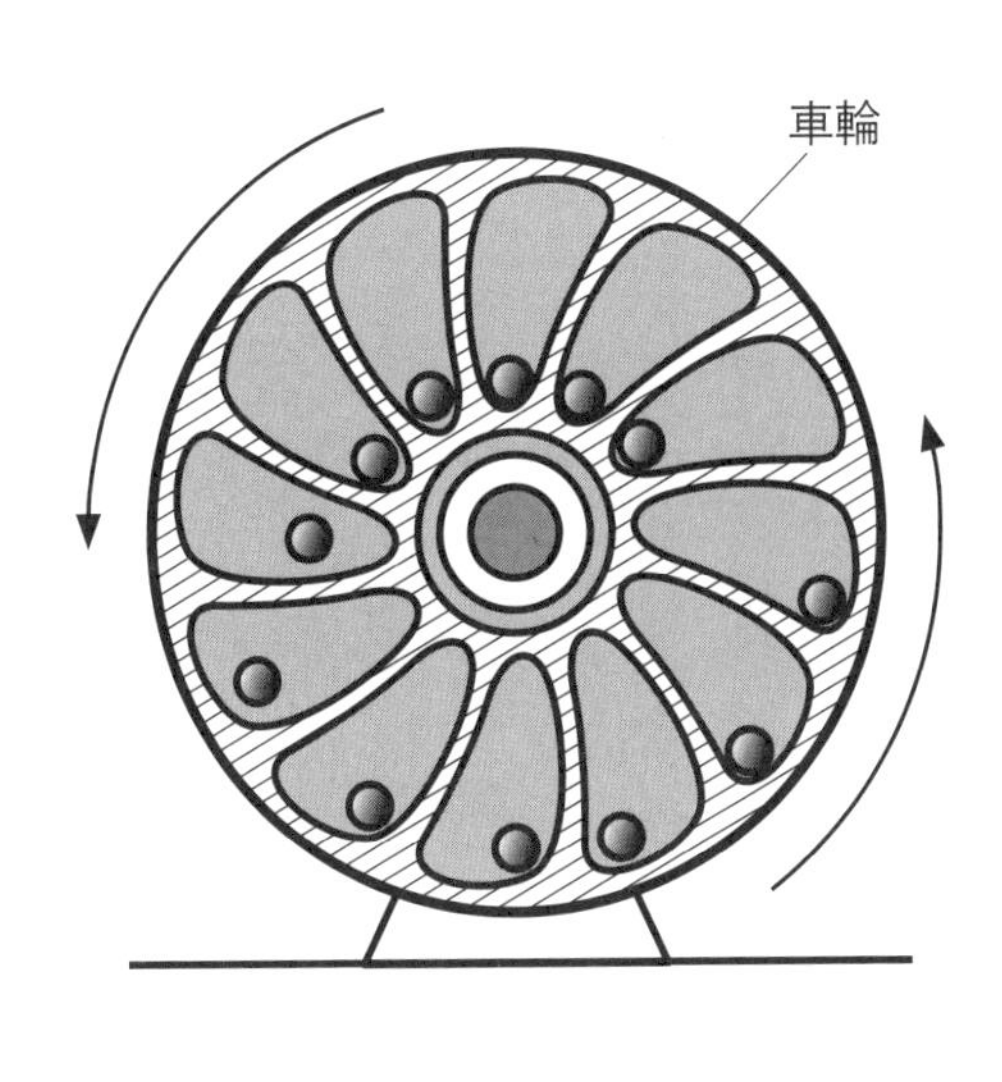

どんな企業でもリソースは限られている。手当たり次第に特許の出願を行なうのはやはり無駄である。優れた発明を知財として戦略的に活用できるように考えなければならない。

エンジニアは発明が好きだ。誰も考えたことがないアイディアを使って問題解決を図るのだから、それは楽しいだろう。

しかし、ビジネスで考えたとき、アイディアや技術が高度だからといって、それがイノベーションを興す訳ではない。そのことは肝に命じよう。

Chapter 4

キャリアアップのための「転職」の考え方

「全世界が一つの舞台、そこでは男女を問はぬ、人間はすべて役者に過ぎない。それぞれ出があり、引込みあり、しかも一人一人が生涯に色々役を演じ分けるのだ」

シェイクスピア「お気に召すまま」第2幕第7場（福田恆存訳）

Section 1

時間？ 能力？ エンジニアはどちらが〝売り〟になるのか

時間を売ると仕事は辛くなる

何度も出して恐縮だが、「仕事とは自分の能力や興味、価値観を表現するものである。そうでなければ、仕事は退屈で無意味なものになってしまう」（ドナルド・E・スーパー）。この言葉を思い出して欲しい。

通常、誰でも、会社員として務めていれば、ある程度時間が拘束されることは仕方がないと考える。そのため、どうしても9時から17時、あるいは17時半までの時間を会社に売って給料をもらうと考えてしまう。あるいは、その後も残業して「今月は○時間残業したから、残業代で○万円になった」といってつかの間の小さな喜びを感じる。

しかし、この考え方はどうしても、仕事に対してマイナスのイメージを持ってしまう。仕事が自分の能力や興味、価値観を表現するのなら、給料を得るためにあなたが会社に売るものは、時間ではなく、能力でなければならない。

この考え方は、エンジニアに限らず、全ての職種にいえることだ。しかし、専門性の高い職種の場合、特に強調して考えなければならない。また、これは会社や組織、あるいは、管理職のほうでも注意すべきだ。

専門性の高い職種の社員をうまく管理するには、その人から時間を奪うのではなく、能力を出させるべきだ。時間を切り売りしているだけの仕事だと、たとえ月に10時間の残業でも辛く感じるはずだ。しかし、能力を買ってもらっていると感じると、月に100時間の残業でも辛くはない。

それがルーチンワークの作業であっても、そのルーチンワークのなかに創造性を見つけることができるようになる。非クリエイティブなルーチン業務のなかにも、クリエイティブな改善はある。

エンジニアの売り物は、あくまでも能力

一般職や総合職とは異なり、専門分野の業務を行なうエンジニアの報酬は、その働いた時間に与えられるものではなく、得られた成果によって与えられるものと考えなければならな

い。エンジニアは、能力と専門知識を最大限に活かし、顧客に喜びとメリットを与える成果物を生み出せれば最高だ。

もちろん、分野によってはそうならないエンジニアも数多い。インフラ系のエンジニアの場合、電気は供給されて当たり前、電車は安全に動いて当たり前である。ある意味、エンジニアのほとんどは社会の黒子として存在している。社会的に名前が知られるエンジニアは、建築家ぐらいではないだろうか。

その建築家にしてもデザイン担当者は有名になるが（意匠の部分）、構造建築家が知られることはあまりない。工業製品でもデザイナーの名が出ることはあるが、エンジンやシャーシ、ブレーキを設計した人の名が知られることはないのが普通である。

しかし、そこに不満を持つエンジニアはいないと思う。多くのエンジニアたちは黒子としての存在に満足している。黒子が安全な社会を支えている。それでよい。ただし、それだからこそ、その黒子に徹して能力を売らなければならないし、管理者・経営者はエンジニアの能力を活かし、そこに対価を払う必要がある。

時間を買い取ろうとする会社からは、去るしかない

世のなかの経営者は色々である。日本では理系・文系で分けると、経営者は文系のほうが多い。中小企業まで入れても、分け方は様々でデータも色々あるが、理系のほうが多いというデータはひとつもない。もちろん、元々、大学・高専・高校を合わせても理系の勉強をした人のほうが少ない、およそ6対4〜6・5対3・5ぐらいである。しかし、これが経営者になると、8対2〜7・5対2・5となって文系出身が多い。

だからという訳ではないが、技術系社員への評価が適切でない会社や組織は多く存在する。特に、基礎的な研究では短期で成果は出ないし、今行なっている開発品が今年度や来年度の売り上げに繋がるというものでもない。この時、中間管理職にそれを理解してくれる人がいればいいが、そうでないならば、転職を考えることも間違いではない。

ただし、日本は転職に対してマイナスイメージを持っているから、無計画な転職は絶対にやめたほうがいい。あくまでも、十分に調べて計画を立てて行なうことだ。そのためには、今は増えたエージェント会社を使うのもよい方法だ。また、この時、エージェント会社にはそれぞれ得意分野があるから、そこも十分に調べてから依頼すること。

あなたの人生がかかっている。半年や1年くらい調査に時間をかけてもいい。逆に、気持ちの面だけで現在の会社に愛想をつかし、「辞めた！」と短気を起こすと後で後悔することになる。

組織と個人ではやはり組織のほうが強い。優秀な社員が去れば組織にとって痛手になる。しかし、それで会社が倒産することはない。だが、個人の場合はそうではない、給料がなくなって生活費が稼げなければ、あなたとあなたの家族は生きていけない。

Section 2

あなたの価値観・能力・興味は表現されているか

自分の得意な分野を見つける

何か特別な事情がない限り、人は一生仕事を続けるだろう。また、寝る時間を除いて、人生の使える時間で多くを占めているのも仕事の時間である。多くの時間を使いながら避けることができないのなら、少しでも楽しくできたほうがいい。

だから、前述したドナルド・E・スーパーの言葉は本当なのだ。仕事のなかで自分の価値観や能力・興味あることを表現できるのであれば、その人の一生はとても楽しく充実したものになるはずだ。

ただ、ここで注意して欲しいのは、単に好きでやってみたい分野ではダメだということだ。好きなだけでは専門性の高い分野で競争に負けてしまう。スーパーのいっていることも、好きなことをやれではない。あくまでも「自分の価値観や能力・興味」を表現しろということだ。あなたの能力はどの分野で活かせるのか、その発見が早いほど充実した楽しい人生を送る可能性を高められる。

もちろん、好きなことと得意なことがイコールであるなら問題はない。極端な例だが、大リーガーのイチロー選手は野球が好きで得意なのだと思う。

エンジニアを目指す人のなかにも、子供の頃から機械いじりやプラモデルが大好きという人は多い。だからある程度は好きなことと得意なことは被っているのだろう。そのなかから、さらに絞り込んで得意な分野を見つけると人生は楽しくなる。

とにかく書き出すことが大事

自分のことは自分がわかっていると思うと、意外とそうではない。そこで、ぜひ次のことを自分でやってみて欲しい。

まず、好きなことを、得意なことを書き出す。これは大型のポストイット（75ミリ×50ミリ以上）を使うといい。これに、1枚1件で書いていく。200枚書き出すのが目標である。書き出す時は、あれこれ考えないで書き出すことに集中する。誰に見せる訳でもないから、少しくらい変なことでもとにかく書き出す。

この時、書き出した好きなこと、得意なことの項目に得意なことなら「と」、好きなことなら「す」と書いておく。ポストイットの右上辺りに書けばいい。200というのはあくまでも目安だから大体200になればいい。ただし、100とか150では足りない。もう出ない、これ以上ないと思ったところから本当に好きなこと、得意なことが出る。

要するに長時間考えなければ出ないということである。だから、なるべく集中して一気に書いたほうがいい。

また、この書き出しは書き出して終わりではない。書き出したポストイットを並べて、同じような項目に分類する、200枚だと15~20ぐらいの分類にする。そして、各分類のなかから、一番好きなこと、一番得意なことを選び出す。

そうやって選別されたなかから、最後に3~5枚のポストイットを選ぶ。これが200枚書き出した、あなたの好きなこと、得意なことのベスト5となっているはずだ。

これを1年に1回、学生時代なら、3年繰り返すと自分の興味や能力がよく見えてくる。社会人であれば、毎年でなくてもいい。25歳、30歳、35歳など、年齢の節目でもいい。

人は、結局のところ、自分の好きなこと得意なことが見つからないために、辛い道、不幸な道を歩んでしまうことが多い。そうならないためにも、自分のことを考えられる年齢になったら、ぜひ、ポストイットをいっぱい買い込んで、自分自身の洗い出しをやることだ。

心理テストは当てにならない

就職や転職の際、心理テストや性格判断などを受ける人もいる。前述したポストイットを使った自分の棚卸しより心理テストのほうが簡単だ。質問に答えるだけでいい。頭を使って自分の好きなこと、得意なことを考える必要はない。

しかし、心理テストは当てになるのだろうか？　答えは否である。

アメリカの心理学者バートラム・フォアが明らかにして有名になったが、心理テストにはバーナム効果がある。バーナム効果とは、誰にでも該当するような一般的な性格を表わす記述を、「当たっている」「まさに自分のことだ」と考えてしまう心理学の現象のことである。これは、誰でも自分のことを知って欲しいので発生する現象と考えられている。

ちなみに、説明なしに、次のフォアが示した心理分析の結果を示す文章を読んで欲しい。

1：あなたには人に好かれ、尊敬されたいという強い欲求があります。
2：あなたは自分自身を批判する傾向があります。
3：あなたには使われていない潜在能力がたくさんあります。
4：あなたの性格には弱いところがありますが、一般的に克服する能力があります。

5：あなたの性格的な適応には問題があります。
6：あなたは外面的には規律を保ち、自制しているが、内面的には不安で、くよくよしがちです。
7：あなたは、正しいことをしたか、正しい判断だったか、時々真剣に悩む事があります。
8：あなたは、ある程度の変化や多様性を好むが、制約や限定が多いと不満を覚えます。
9：あなたは、一人で物事を考えられることが誇りであり、十分な証拠がないと他人の言うことを受け入れません。
10：あなたは、自分の秘密をあまりにも正直に他人に打ち明けるのは、賢くないと思っています。
11：あなたには、外向的で友好的で社交的な時と、内向的で慎重で控えめな時があります。
12：あなたの願望には、かなり非現実的な傾向もあります。
13：無事に暮らすことは、あなたの人生の目標の一つです。

（『心理テストはウソでした』村上宣寛、日経ＢＰ社より）

もし、心理テストの結果、この13項目が表示されたら、あなたはそれを受け入れるだろうか？　これは、フォアが１９４８年に行なったテストだが、数十名の学生は、０：全く当てはまらないから、5：全くその通りまで、0〜5点の評価で平均4・26点をつけている。

いい換えると、ほとんどの学生が自分に当てはまると評価したのだ。70年前と現在では違うと考えるだろうか？　測定方法は多少変わったが結果の信頼性に関しては同じようなものだと思う。心理測定が進歩するのは、ｆＭＲＩ（機能的核磁気共鳴画像、functional magnetic resonance imaging）が普及したからだろう。ｆＭＲＩは特に血流動態反応を視覚化する装置だ。

このテストだけで全否定はしないが、自分の人生を預けるほど信頼できるものではないと知っておいたほうがいい。心理テストが当てにならないならば、やはり自分で自分のことを調べるしかない。

Section 3

エンジニアの転職率は高くはない

エンジニアの雇用の流動性はまだまだ低い

ＩＴエンジニア系の方はだいぶ変化してきたが、ハード系のエンジニアの場合、雇用の流動性は依然として低い。次のページで紹介するが、特に最近は転職率が下がっている。しかも、それが全ての業界で下がっている。業界に関しては大分類だが、厚生労働省のデータだからある程度の信頼性はある。

エンジニアが関係する業界は、１１６ページ目の建設業、製造業、情報通信業だ。１１７ページ目の下にある学術研究、専門・技術サービス業は、専門的なコンサルタントを含むからこれも入ると思う。これらは文系の営業マンなどの転職も含むが、エンジニアは文系よりもさらに転職していないといわれていることを加味して、全体の傾向（推移）としてグラフを見て欲しい。

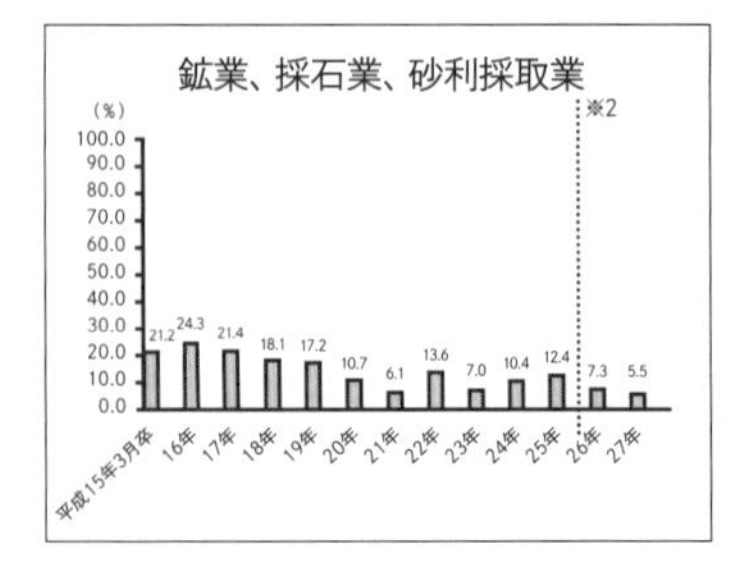
鉱業、採石業、砂利採取業
(%)
※2
100.0
90.0
80.0
70.0
60.0
50.0
40.0
30.0
20.0
10.0
0.0
21.2 24.3 21.4 18.1 17.2 10.7 6.1 13.6 7.0 10.4 12.4 7.3 5.5
平成15年3月卒 16年 17年 18年 19年 20年 21年 22年 23年 24年 25年 26年 27年

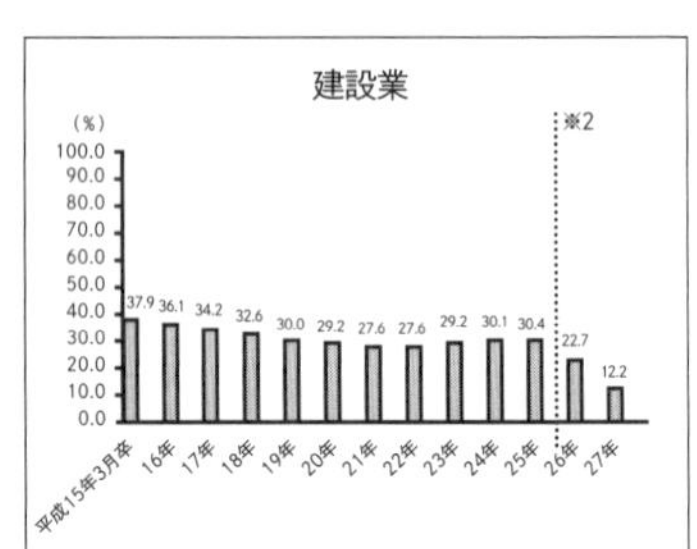
建設業
(%)
※2
100.0
90.0
80.0
70.0
60.0
50.0
40.0
30.0
20.0
10.0
0.0
37.9 36.1 34.2 32.6 30.0 29.2 27.6 27.6 29.2 30.1 30.4 22.7 12.2
平成15年3月卒 16年 17年 18年 19年 20年 21年 22年 23年 24年 25年 26年 27年

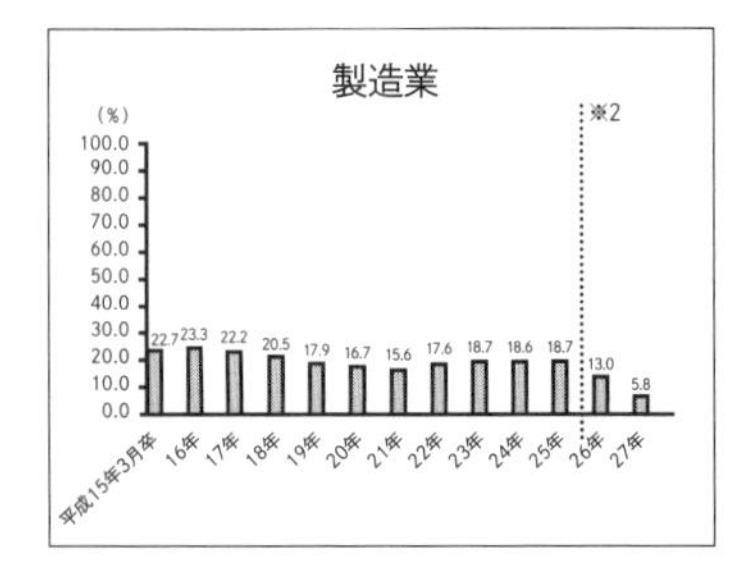
製造業
(%)
※2
100.0
90.0
80.0
70.0
60.0
50.0
40.0
30.0
20.0
10.0
0.0
22.7 23.3 22.2 20.5 17.9 16.7 15.6 17.6 18.7 18.6 18.7 13.0 5.8
平成15年3月卒 16年 17年 18年 19年 20年 21年 22年 23年 24年 25年 26年 27年

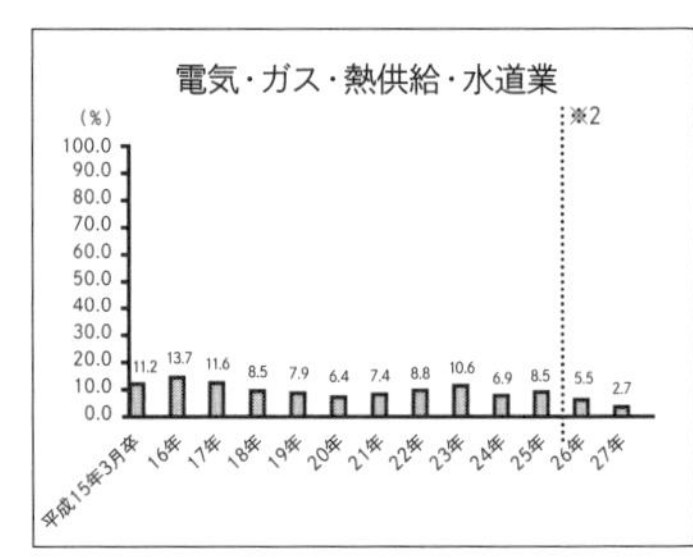
電気・ガス・熱供給・水道業
(%)
※2
100.0
90.0
80.0
70.0
60.0
50.0
40.0
30.0
20.0
10.0
0.0
11.2 13.7 11.6 8.5 7.9 6.4 7.4 8.8 10.6 6.9 8.5 5.5 2.7
平成15年3月卒 16年 17年 18年 19年 20年 21年 22年 23年 24年 25年 26年 27年

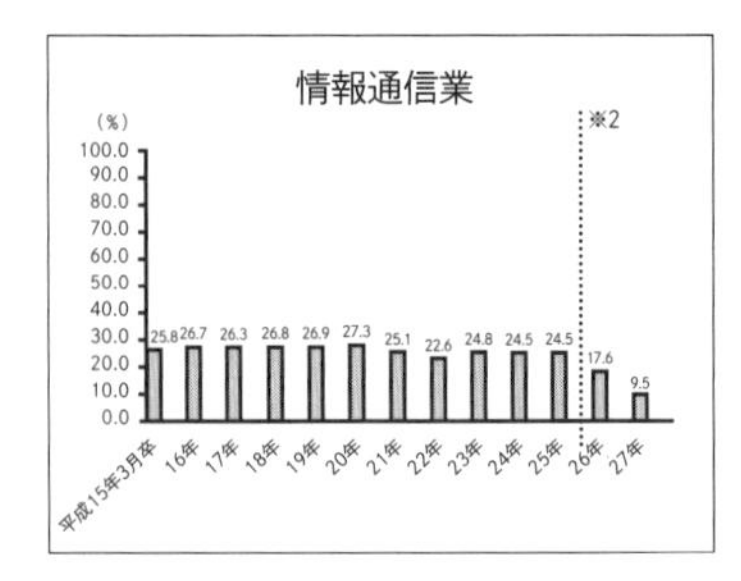
情報通信業
(%)
※2
100.0
90.0
80.0
70.0
60.0
50.0
40.0
30.0
20.0
10.0
0.0
25.8 26.7 26.3 26.8 26.9 27.3 25.1 22.6 24.8 24.5 24.5 17.6 9.5
平成15年3月卒 16年 17年 18年 19年 20年 21年 22年 23年 24年 25年 26年 27年

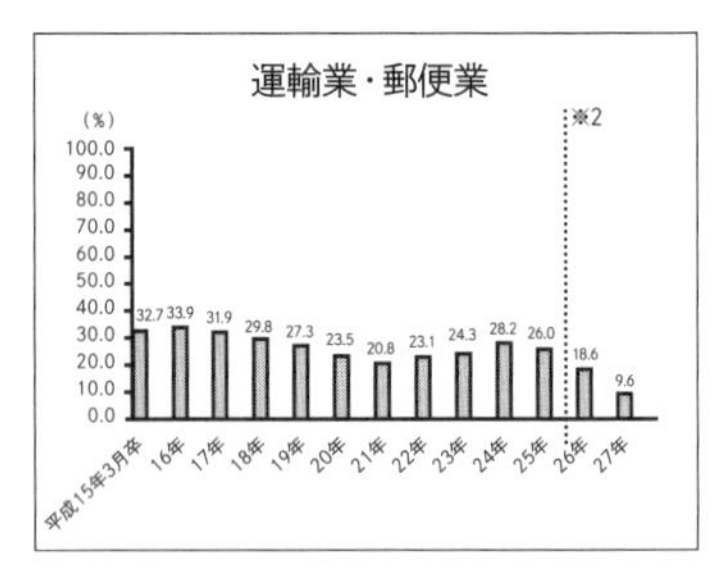
運輸業・郵便業
(%)
※2
100.0
90.0
80.0
70.0
60.0
50.0
40.0
30.0
20.0
10.0
0.0
32.7 33.9 31.9 29.8 27.3 23.5 20.8 23.1 24.3 28.2 26.0 18.6 9.6
平成15年3月卒 16年 17年 18年 19年 20年 21年 22年 23年 24年 25年 26年 27年

（出所）厚生労働省統計局

新規大学卒業者の産業分類別（大分類※1）卒業３年後※2の離職率の推移

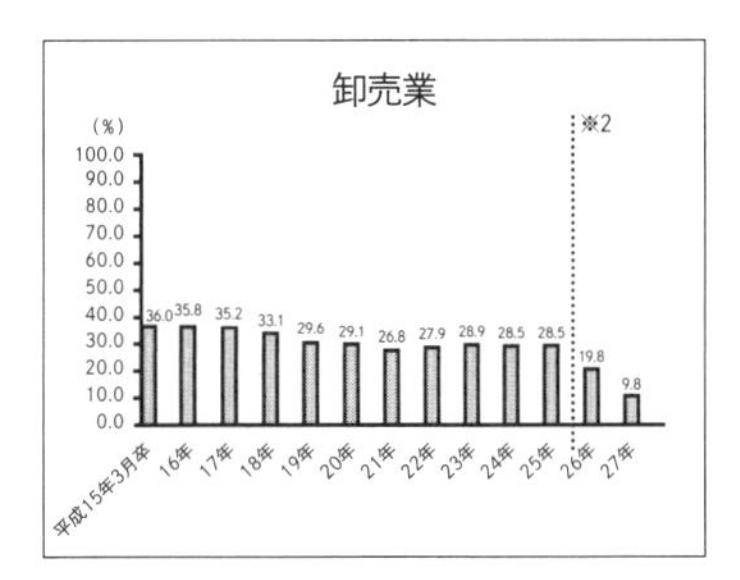

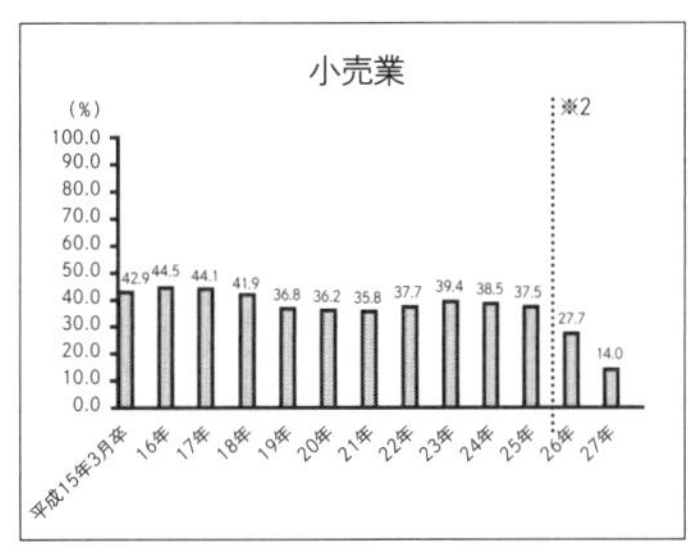

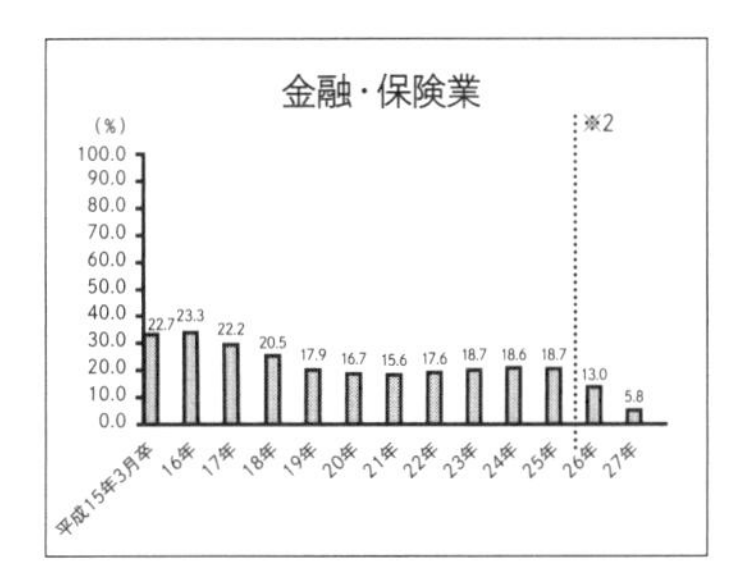

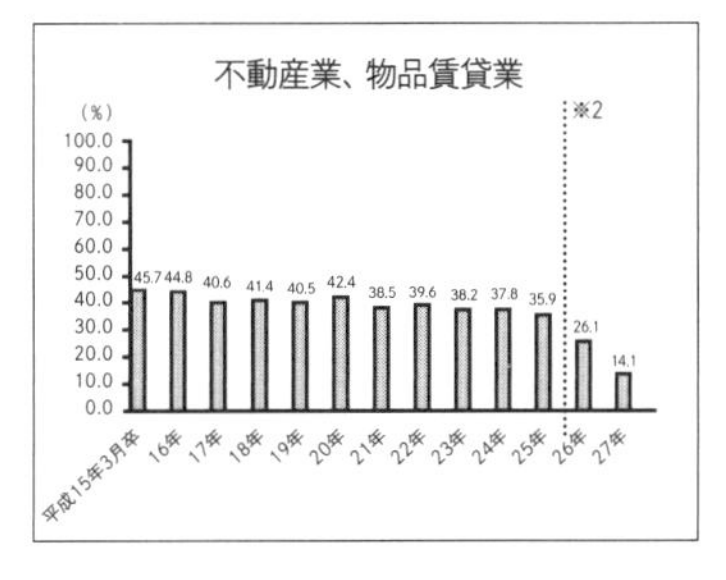

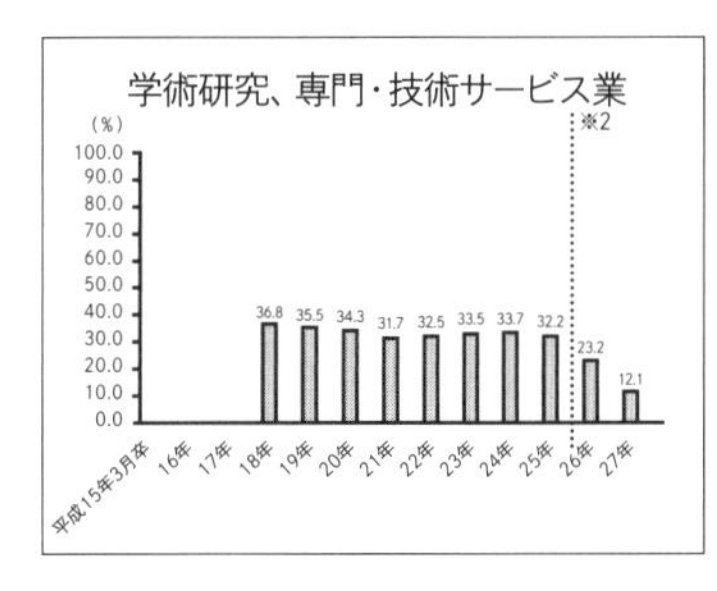

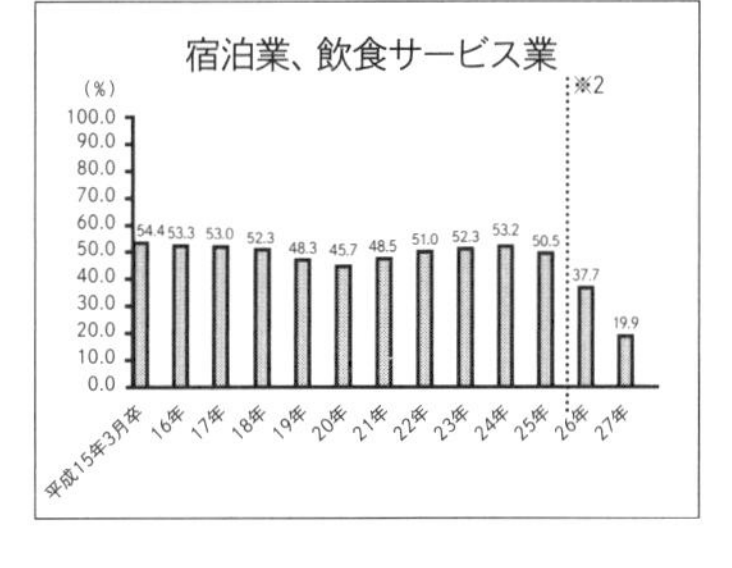

※1：産業分類については、平成 19 年 11 月に改定が行われた。改定や各産業の詳細については下記統計局ホームページを参照。
http://www.stat.go.jp/index/seido/sangyo/19index.htm
※2：平成 26 年度 3 月卒については就業 2 年後、平成 27 年度 3 月卒については就業 1 年後の離職率を記載している。

116、117ページのデータは新卒3年目の転職率である。縦の点線の右側は入社2年目と1年目だから低いのは当然として、全体としては右下がりといっていい。もちろん、変化していない業界もある。製造業は、10年前なら20％を超えていたが、今は18％程度だ。転職率が高いといわれるIT業界はこのデータだと情報通信に分類されている。製造業より高いがそれでも25％程度だ。逆にいえば、4名中3名は3年を経ても同じ会社に在職しているということだ。文系の転職者が多いことも考えるとエンジニアは多くが転職していないと考えられる。

流動性が低いということは、転職のリスクは大きい

雇用の流動性が低いということは、転職のリスクは大きいということだ。要するに少数派になる。しかも、「グローバル化」といいながら、世界の流れに日本だけが逆らっている。しかし、これはどこかで破たんするだろう。日本は産業構造そのものを変えていかないと、世界経済のなかでは生き残れない。再び鎖国するというなら別だが今さらそれもできない。

ここで、転職のリスクをどう考えるかということになる。

「就職」という言葉は、分解すれば職に就くと書く。日本では、それがそのまま会社に入る

ことになっている。でもよく考えよう。エンジニアは技術的な専門家であり、職業だ。エンジニアになったということはそれで就職したことになる。あなたは、学業を修めて、エンジニアの道を選んだ段階で就職したのだ。入社した段階で就職したのではない。

加えて、人の人生の目的が幸せになることであるなら、あなたはエンジニアという職業を選んで、そのなかで幸せと感じる人生を築かなければならない。

大学を出たばかりで、世のなかの仕組みや会社のことをあまり知らない時は仕方がないが、本当に自分の興味と能力を発揮できる、発揮したいという分野が見つかったら、その道に進むことも考えよう。もちろん、それが最初に選んだ会社で実現できるのならそれに越したことはない。

注意して欲しいのは、転職ありきではないということ。転職にはリスクもあるということ。しかし、それでも、自分の興味、能力、価値観が表現できる分野が見つかったら、迷わずその道へ進むこと。そう考えて欲しい。

Section
4

経歴票は、業務報告ではない

エントリーシートには何を書くのか

ここでは、ネットでよくいわれている、誤字脱字、文章量のことなどは書かない。それは、就職活動用の本で調べて欲しい。提出期限なども同じである。

知り合いに人事畑のプロがいるが、彼の口癖はこうだ。「お金を払って、知識や技術を教える『学校』と、給料をもらって、あなたの能力を提供する『企業』は全く異なる組織だということがわかっていない」。彼は会社の説明会で「就職するまでに、何を準備すればよいでしょうか？」と質問する学生は、ほぼ採用しないということだ。

そんな、初歩的なことは別にして、エンジニアがエントリーシートを書く際に注意すべき点を考えて見よう。ただし、ここではあくまで転職用だ。新卒者向け、就職活動の本は山ほどあるから、そちらで学んで頂ければいいだろう。

まず、あなたにはどんな経験があって、何ができるのだろうか？

経験したことを、ブログや日記に書くようにダラダラ書くのはもちろん論外である。ここで、書かなければならないことは、まず導入として次の3点である。

1　その業務の目的
2　そのなかでの自分の役割
3　どんな立場の責任で、行なったのか

この3つは、必ず明確にしなければならない。だから、書き上げた段階で、この3点が明確になっていることを読んで確認すること。できれば他の人に見てもらうといい。

次に肝心な序論に続く本論の部分だが、ここでも3点ある。

1　取り組んだ課題の背景は説明されているか？
2　課題解決に対する考え方（なぜその解決策がよかったのか？）は説明されているか？
3　最終的な成果は説明されているか？

成果は、結果と異なる。エントリーシートに書くのは、成果を出した業務にすべきだ。最後に、まとめの部分だが、ここも3点である。

1 この課題解決から得られた能力・知識・スキルは表現できているか？
2 当初、自分に何が不足していたのか、わかるように表現されているか？
3 今後どのような方法で能力を育成するかについて示せているか？

以上がはっきりしていれば、それはよいエントリーシートである。採用する側としては、そこが知りたいからだ。

多くの経歴表が業務報告になっている

エンジニアの経歴表で1番多い勘違いは、「特許を○件取得した」「経営者から表彰された」などがある。ほかに、とても有名な製品などで「あれは自分が設計した」なども同じようなものだ。本当にそうだとしても、それは過去の職場での成果である。

行なったこと自体を書く人は多い。それが高い評価を得られた実績であればなおさらであ

る。しかし、あなたを採用する側はそう考えない。この人が新しい職場と業務に適応してこれまで以上の成果を出せるのかに関心がある。だから、過去の実績そのものより、経験から何を学んでどう活かそうとしているのかに興味がある。「あれもやりました、これもやりました」と書くのは自慢話でしかない。異なる会社や組織での業務結果を報告しても新しい職場の人事担当者は喜ばないのである。第一、そんな自慢話を聞かされても、聞くほうはつまらない。

逆に、失敗例でも「このプロジェクトでは、○○の原因であまり結果は出せなかったが、◇◇を学んだことにより、次で活かすことができました」と説明できれば、それでよい。ただし、失敗経験はあくまでも抽象化・一般化してほかの事例でも応用できることを示す必要がある。

Section

5

同業他社への転職時に留意すべきこと

職業選択の自由と守秘義務

最近は裁判沙汰になることが増えている退職後の守秘義務について、エンジニア、特に開発に携わっているエンジニアは転職の際十分に注意して欲しい。

社会経済情勢の変容に伴い、雇用は流動化し、転職も活発化になっている。また、当然のことながらそのために退職後の守秘義務・競業避止義務に関する紛争が増加している。

転職前に身につけた知識・経験及び技能などを活かして働きたいというのは労働者にとっては、当然の要請である。しかし一方、開発情報や営業秘密、技術的ノウハウなどが退職とともに流出しては企業もたまらない。競業他社によって使用される不利益を回避したいと企業側が考えるのも当然といえる。退職後の守秘義務・競業避止義務の問題は、このように対立する2つの利益の調整の問題といってよい。単純化して一言でいえば次の図式となるだろ

職業選択の自由

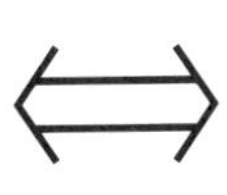

競業避止義務

う。

競業避止義務にまつわる有名な判例

話をわかりやすくするために、有名な判例を1つ紹介しよう。

〈日本コンベンションサービス事件〉

【事案の概要】

日本コンベンションサービスは、国際会議等の企画運営を主たる業務とする会社であり、Xらはその従業員であったが、Xらは日本コンベンションサービスを退職して同種の事業を営む新会社を設立したため、日本コンベンションサービスはXらを懲戒解雇し、就業規則に新設規定を設けて退職金を支給しなかった。

この事件（最高裁平成12年6月16日）で最高裁が示したところは次の通りだ。

「一般に、労働者は、労働契約が終了すれば、職業選択の自由として競業行為を行うこともできるのであるから、労働契約が終了した後まで競業避止義務を当然に負うものではない。

しかし、他方、使用者は、労働者が使用者の営業秘密に関わっていた場合、自己の営業秘密を守るため、退職後も労働者に競業避止義務を課す必要があり、就業規則で、このような規定を設けることにも、一応の合理性が認められる。

したがって、従業員に対し、退職後一定期間競業避止義務を課す規定も有効と考えるべきであるが、その適用に当たっては、規定の趣旨、目的に照らし、必要かつ合理的な範囲に限られるというべきである。

そして、この点を判断するに当たっては、これによって保護しようとする営業上の利益の内容、殊に、それが企業上の秘密を保護しようとするものか、それに対する従業員の関わり合い、競業避止義務を負担する期間や地域、在職中営業秘密に関わる従業員に対し代償措置が取られていたかどうかなどを考慮すべきである。」（最高裁平成12年6月16日・判決文の引用）

この事件の後、最高裁の判例を受け、裁判所はほかの事件でも次のような判決を下すようになった。

「従業員と使用者との間で締結される、退職後の競業避止に関する合意は、その性質上、十分な協議がされずに締結される場合が少なくなく、また、従業員の有する職業選択の自由等を、著しく制約する危険性を常にはらんでいる点に鑑みるならば、競業避止義務の範囲については、従業員の競業行為を制約する合理性を基礎づける必要最小限の内容に限定して効力を認めるのが相当である。～～中略～～

従業員が就業中に得た、ごく一般的な業務に関する知識・経験・技能を用いることによって実施される業務は、競業避止義務の対象とはならないというべきである。」（東京地裁平成17年2月23日・判決文の引用）

明確な規定がなければ大きな守秘義務を負わせられない

これは、技術的な情報だけでなく顧客情報などの営業的な情報も含んでいる。ほかの判例でも、

「従業員が退職した後においては、その職業選択の自由が保障されるべきであるから、契約上の秘密保持義務の範囲については、その義務を課すのが合理的であるといえる内容に限定して解釈するのが相当である」（東京地裁平成20年11月26日・判決文の引用）

とある。企業に一方的に有利な判決はないといっていい。

そのため、競合他社へ転職しても、営業上のノウハウや顧客名簿などの営業秘密を不正に持ち出すとか、新規開発中の製品図面を持ち出すといったような明らかな背信性がなければ、転職に関してそれほど神経質になることはない。もちろん、同業他社に転職したという理由で損害賠償などは、認められないといっていい。

それでも留意すべきこと

退職時に守秘義務契約を新たに取り交わす企業は増えている。もちろん、書名捺印すれば何でも通るという訳ではない。それは、前述した通りだ。しかし、せっかく転職して新たな環境で業務を始めたとき、以前の会社から訴えられて裁判沙汰になったら勝ち負けに関係なく新しい生活は大きく乱される。

そのため、誓約書はよく読んで、自分の今後の仕事に差し支えないかどうか慎重に判断すべきだ。その程度の注意も払わないなら、安易に転職など考えないほうがいい。

人物面の評価は置くとして、青色ＬＥＤの中村修二氏は、退職時に求められた守秘義務誓約書のサインを拒否している。

一番よくないのは、どうせバレないだろうと安易に書名捺印してしまうことだ。考えて欲しい。あなたは開発中の実験データを確認するサインや図面の検図を行なう時に、中味を読まずに安易にサインするだろうか？

守秘義務には、今後あなたがどんな業務を行なってはならないのか、それが書いてあるのだ。句読点ひとつにも注意して読み込んでからサインするべきだ。場合によっては、預かって法律の専門家に見てもらうことも考えなければならない。最後に困るのは自分である。

Section
6

韓国や中国へ転職した際の技術漏洩、守秘義務の問題

海外での活躍は悪いことではない

ここでは問題になることも多い「海外企業への転職」について考えてみたい。日本では、韓国や台湾企業に転職する技術者に対して「裏切り者」と見る雰囲気がある。しかし、それは間違いだ。

まず、偏狭なナショナリズムは忘れることだ。技術に国境はない。環境問題など日本単独で解決できることではない。だから、日本を抜け出し海外の企業に入りそこで活躍することも大いに結構。ただし、年齢はある程度若い時でないと体はきつい。

ただし、安全保障に関する技術に関わる人はそうはいかない。とはいえ、それはかなり少数だし、特別な人だけだろう。

定年後にこれまでの経験を活かし、自分を評価してもらえる海外の会社へ行くというのは

少し無理がある。もちろん、若い時から海外勤務が多く、その国の文化や風土に慣れているなら、それほど気にする必要はない。しかし、ずっと国内勤務で海外は旅行程度でしか行ったことがないなら、やめておいたほうがいい。体を壊して帰って来る例が多いからだ。

海外の企業に転職した場合の守秘義務とは

ある程度高齢のエンジニアの場合、技術的な経験と知識を求められて外国企業に迎えられる訳だが、これまで所属した会社との守秘義務は一定期間、守らなければならない。これは、国内企業でも同じようなものだが、海外企業の場合、少し余分に注意する必要がある。安全なのは、論文や特許で公開された情報以外は伝えないことだ。

また、面接の際も「守秘義務があって話せない」と一蹴にするのではなく、「口外できないという原則のもとで、お話できる範囲で説明させていただきます」と断った上で、予め用意した内容を説明すること。職務経歴は、必ず質問されるのだから、事前に準備することも十分可能である。

海外企業の躍進をよく思っていない国内企業は、かつての社員が守秘義務に反した場合は、不正競争防止法という法律で訴えてくる場合もある。その場合、秘密をバラした元社員だけではなく、それと知りつつ秘密を聞き出した人も罪に問われる。最終的には、たいした罪にならないことがほとんどだが、裁判になった場合、その期間中は精神的にきつい。余計な面倒はなるべく避けたほうがいい。

ただし、この場合の企業秘密とは外部にいては知り得ない秘密というもので、その要件は厳しく限定されている。例えば電子化されたデータや書面の持ち出しは守秘義務違反に該当する。これは当然だろう。しかし、頭のなかの知識や抽象的・一般的と考えられるスキルは該当しない。

どこの企業でも、社員に、このような知的財産保護や不正競争防止の観点から手だてが講じられている。これらの判例に詳しい弁護士は、「知財を外部に漏洩させない1番の方法は、人に転職する気を起こさせないということ」ともいっている。

もちろん、これは報酬のことだけをいっているのではない。その人の能力や興味の対象が仕事のなかで表現できる、発揮できるようになっているかどうかである。

海外企業へ転職する人が少しずつでも増えてきたのは、個人の能力を重んじる海外企業の評価制度が日本のエンジニアにも理解されはじめてきたからだろう。

守秘義務とは異なる倫理的な話

前職の上司や特定の人物に対する悪口や批判は、前述したこととは全く別の問題である。これは、どれだけ思いがあっても、転職先で人にいうべきことではない。だから、転職の理由に人間関係は入れないことだ。

エンジニアの場合、学会や協会の活動などで、どんな繋がりがあるかわからない。同業他社の場合、同じ学会の所属も考えられる。どんな繋がりから、話の内容が漏れるかわからない。また、海外企業であっても、人の悪口や内部批判をよその会社で軽々しく話す人間は信用されない。転職の時の面接でも同じである。

Section 7

女性エンジニアはここに注意しよう

工学系でも女性エンジニアは増えている

男性脳・女性脳という言葉が流行ったことがある。脳に関する様々な学説には怪しいものが多いが、イギリスの大学がｆＭＲＩを使って６０００人を対象に調べた結果では、男性脳・女性脳というものはないようだ。男性の脳が10％程度大きいことは知られているが、これは体の大きさがやはり10％程度大きいからだろう。

だから、工学分野で女性が少ないのは、作られたイメージによって差ができているに過ぎないのだと思う。能力の問題ではない。技術士を目指す女性エンジニアにもお目にかかることはしばしばあったが、能力の差を感じたことは一度もない。だが、残念ながら、そう考えていない人も多い。

技術士試験の対策講座で講師をしていて、時々女性受講者に会うことがある。結婚していて仕事をしながら技術士試験を目指している人は、男性に比べて明らかに時間上の制約が多い。なかには、まだ若く、仕事、育児、家事をこなしながら試験勉強という人までいる。そして、一番重要なことだが、成績優秀な人が多い。

技術士を目指す人だけで決めることはできないが、能力に差がないのであれば、機械や電気などの工学分野にも女性の活躍できる場は多くある。それを女性だからという理由で阻むのだとすれば、それは、その会社や組織に問題がある。通勤時間や労働条件などほかにも加味しなければならないが、それが許されるならさっさと転職したほうがいい。

女性エンジニアが転職の際に注意すべきこと

女性がエンジニアとして働き、成長していきたいと考えるなら、やはりそれを認めてくれる会社に入らなければうまくいかない。残念ながら、何の根拠もなく、女性の能力を否定する人が多いのも事実だからだ。

また、本来、今書いているように、女性を「女性」という言葉で一括りに説明するのもいいと思っていない。ただ、この本は、女性の工学分野進出を説く本ではないので、そこはお許し頂きたい。

次の説明はあくまでも個人の経験で得られた知識である。全てに当てはまるとはいわないが、女性エンジニアが転職する際には気をつけたほうがいいと思うポイントは3点ある。

1 面接のとき、技術部門にいる女性の割合を聞く。普通は必ず教えてくれる

2 同じく、女性管理者の割合（人数）を訊く。面接者が全く把握していないのであれば、そこですでに問題がある。また、通常は、調べてでも教えてくれる

3 育児制度のことも聞いておく

これは、下手に質問すると、育児休暇が目当てで入社を希望しているのでは？　すぐに休まれてしまうのでは？　と企業から判断される可能性もある。しかし、将来、必要になるかもしれない制度なので、実際には誰でも気になることだ。

そのため、「子供が生まれてもずっと働いていきたいと思っているのですが、御社にそういう人はいらっしゃいますか？」と質問してみる。あるいは、「長く働く女性の見本になれるよう頑張りたい」とアピールするのも効果がある。さらに、内定が出た後に女性管理職の話を聞きたいなどと申し出るのもいいと思う。

一方的に自分を有利にすることはできないが、勤め先を決めることの重要性は結婚相手を決めるのとそれほど変わらない。特に、よくなってきたとはいえ、女性は男性に比べ、ハンディが大きい。慎重に考え、行動するに越したことはない。

また、本当に女性の社会進出を考え、男女平等に機会を与えようと考えている会社であれば、前述したような質問にも真摯に答えてくれるはずである。

男性か女性かではない。能力と努力と成果が大事

ある女性エンジニアだが、30代前半からIT系の資格を順番にとりはじめた。MOS（技術経営）から始めて、ネットワークスペシャリスト、システムアドミニストレータ、ほかにも3つぐらいあったと思う。しかし、彼女はITエンジニアではない、電子部品を製造する工場の生産管理の主任だった。結婚もして子供もいる女性だったが、根っからの努力家であり、また、勉強とパソコンが大好きだった。

実際、資格試験の対策として勉強中も、自分が今までいかにコンピュータのことを知らずにいたのか恥ずかしくなったと話していた。「これを知っていればあの時の仕事ももっと早く簡単にできていたのに」と何度も思ったそうだ。

また、部署が違うため、彼女の取得した資格自体は手当などには反映されなかった。受験

料も家計を切り詰めてやりくりしたらしい。「夫もお小遣いを自分から返上してくれました。もちろん、資格を取った後は戻しましたけど」という話も聞いている。

彼女は、そのコンピュータに関する知識を、社内の生産管理システムを入れ替える際にフル活用した。その会社では、その部分はシステム開発が担当することになっていた。

一般的に生産管理がわかっていないコンピュータのプロに全てを任せてしまって、結局使いにくいシステムができ上がってしまうことが多い。そして現場の担当者は、結局使いにくいシステムを使わなければならない。これはどこの会社でもあることだろう。

彼女は、そこに自ら入り込んで、外注先であるソフト開発のエンジニアともやりあった。初めは、相手にされない感じだったのだが、段々と彼女の知識と能力が見えてくるにつれて、いつの間にか会議の際の中心は彼女になっていた。

おかげで、システムの開発は順調に進み、予定よりもわずかに早く完成した。また、自分の部署である生産管理課のメンバーからは使いやすいシステムだと評価された。

これは、資格が有効だったという話ではない。最大の原因は、彼女の努力にあったことはいうまでもない。男も女も関係ない。彼女が努力して得た、知識と能力が成果に結びついたのだ。

Section 8

資格があれば独立できる訳ではない

資格はきっかけにすぎない

エンジニア系の資格といえば、弁理士、技術士、一級建築士、ITストラテジスト、システム監査技術者などを思い浮かべると思う。ここで、弁理士と一級建築士は業務独占だから、独立に多少有利だといえる。

とはいえ、独立するとなると、年収は本人の努力次第。むしろ営業経験のほうが役に立つ場合もある。もし、会社員生活に終止符を打って、独立開業の道を歩むというなら、資格で仕事はとれないということを徹底的に頭に入れて欲しい。

しかし、それでは資格は無駄かというとそんなことはない。独立に対するマインドセット、心の準備のためにはぜひとも必要だと思う。取得した資格は、あなたを裏切ることはない、エンジニアとして独立を考えているなら、前述したような国家資格は独立のきっかけと考えて取得するといい。

独立開業の直後は、孤独な作業が続く、そんなとき、心が折れるのを防ぐのは、あなたが持つ資格であることも多い。

業務独占と名称独占の違い

業務独占の資格とは、法令などによって、その資格を有した者にしかその「業務」を行なえないように定められた資格のことをいう。おそらく最も代表的な資格は、医師免許だろう。医療行為という業務は、医師の資格を持った者でなければ、してはいけないと、法律で定められている。違反すれば、医師法違反で罰則がある。当然ながら、業務独占資格のほうが資格としての価値は高い。

時々誤解があるが、必置資格と業務独占資格は異なる。この2つの違いは、法令による縛りの強さ、弱さである。

簡単な例で説明しよう。「ふぐ調理師」という業務独占資格がある。これは、仕事だろうがプライベートだろうが、ふぐを調理してほかの人に食べさせるならばこの資格がないと法令違反になる。しかし、必置資格で代表的な宅建取引士（旧宅建取引主任者）は、業務で行なうのでなければ、その資格は不要である。親兄弟、友人知人に建物を売るとき、業者を通さず自分たちだけで売買行為を行なっても法に触れることはない。

技術士は独立に向いているか

技術士の資格は、その難易度の割に、独立開業に結びつかない資格の代表かもしれない。2001年以降、技術士の正式英語名は、プロフェッショナルエンジニア（PE）だが、技術士が発足した当時はコンサルタントエンジニア（CE）が正式英語名だった。ようするに技術コンサルタントである。

しかし、昔も今も技術コンサルタントという業務は、技術士の独占業務ではない。そのため、誰でも技術コンサルタントの仕事を行なうことができる。「技術士」と名乗ってコンサルタントを行なうことはできないが、技術コンサルタントになるのに何の資格も要らない。

初めに書いたように、資格は、独立開業するためのきっかけになるに過ぎない。徒手空拳で戦うより、竹刀でも木刀でも持っていれば少しは気が楽になるというだけだ。

現在、日本技術士会では、技術士の資格を何とか業務独占にしようと運動しているらしい。別に悪いことではないと思うが、今は、病院が倒産する時代である。2014年の統計でいえば、日本の歯科医数は、10万3972名、歯科医院施設数は6万8592施設。コンビニよりも多いといわれて久しいが、コンビニエンスストアの店舗数は2016年7月で5万4331店舗。歯科医院は平成5年の時点で5万5857施設だった。現在は、毎年、30施設程度の歯科医院が倒産している。また、高齢などが理由だが200施設近くが廃業している。業務独占の資格でも、安心して食べて行ける時代ではないのだ。

まして、技術士は士業のなかでも最もマイナーな資格である。「士業独立」に関係するセミナーなどに行ってみるとすぐにわかる。中小企業診断士、行政書士、司法書士、社会保険労務士、税理士、弁理士（少ない）には毎回遭遇するが、技術士に会ったことはない。これも、名称独占で一般の人には、無関係な資格であるからだろう。

資格だけで食べていける時代は終わった

繰り返すが、資格、特に技術士の資格だけで独立開業できると思ったら大間違いである。しかし、持っていると心強い。また、試験対策講座など副収入的な業務を行なう場合は、資格がなければできないだろう。技術士資格を持っていなくても、技術士試験講座の講師はできるが（法令に触れる訳ではない）、受講生が集まるとは思えない。

要するに、使い方にコツがあるのだ。技術士や、ほかの資格でも同じだと思うが、独立開業を目指すなら、資格を有効に使うことだ。独立開業のノウハウのひとつといってもいい。技術士やITストラテジストなどの資格取得をきっかけに、そこから、独立開業のノウハウを学ぶことが重要だ。また、最後は営業感覚が重要になることも多い。

時々、「営業が嫌で、資格をとった」と放言する人もいる。しかし、それは今時大きな間違いだし、営業活動をバカにした大きな勘違いの言葉だ。

営業活動は、あなたにできること、あなたが役立てることを広く知らしめるための「布教活動」と考える。頭を下げて、相手が嫌がるものを無理やり買ってもらうことではない。クライアントにとって必要な能力や商品を持っていることを示すことが営業活動の原点だ。

Section

9

技術士の取得も考えてみる

エンジニアに求められる資格

エンジニアに必要とされる資格には、様々な資格がある。例えば、危険物を扱う工場では危険物取扱者の免許が必要である。ほかにも、高所作業や低電圧取扱いなど、講習に参加するだけで取得できる労働安全衛生法上の特別教育や講習は多い。面倒だしつまらないかもしれない講習もあるが、法律で決まっているのだから仕方がない。作業や業務を行なう上で必要であれば取得するしかない。

これら法的に要求される資格と別に、個人のスキルをアップすることが目的の資格もある。例えば、MOS（Microsoft Office Specialist）や、日商パソコン検定などのパソコンの資格。英検やTOEIC、工業英語検定などの語学資格。あるいは、エンジニアでも簿記検定を受ける人もいる。会社の会計に役立つ知識を得ようということだろう。簿記の知識がそのまま経営の知識ではないが、財務諸表を見る時に多少は役には立つだろう。

これらの資格の取得をもし考えているなら計画的、段階的に取得することだ。パソコンや語学の勉強は若い時のほうが効率はいい。

逆に、やってはいけないことは、手当たり次第に何でも取得するという方法。特に、将来独立を考えているなら、手あたり次第はやめたほうがいい。仕事の都合でとらざるを得ない時は仕方がないが、プロフィールには書かないことだ。要するに何の専門家なのかわからなくなるのだ。専門家として、個人で生計を立てることを考えた場合、何の専門家なのかわからないことが一番困る。仕事がとれない最大の原因はこれである。

プロフィールに書いてはいけない資格

会社勤務で、工場の責任者などになる場合、法令で決められた有資格者が必要とされる作業は多い。これは、有資格者がいなければ法令違反になるから誰かが取得するしかない。ただし、労働安全衛生法で定められている資格は、ほとんどが2日程度の講義を聴いて、最後の修了考査として3択か4択の試験問題を解答させるものが多い。合格率は90%以上である。

独立してプロエンジニア、技術コンサルタントを目指す場合、これらの資格は特定の場合を除いてプロフィールには書いてはいけない。もちろん、それらの講座の講師をやるというなら、載せるべきだ。しかし、そうでないならそれはマイナス効果しかない。

ＩＴやパソコン関係の資格も同じである。ＭＯＳやパソコン検定など持っている資格を全てプロフィールに並べる人もいるが無駄である。クライアントに質問されたら答える程度でいい。別に奥ゆかしいとか、謙虚さをいいたいのではない。あなたの専門性と有能性の範囲をハッキリと相手にわかるようにするためだ。個人で開業する場合、百貨店を目指してはいけない。専門店を目指さなければ生きていけない。

技術士になる選択をする意義

１９５７年に始まった、我が国の技術士制度は、米国のプロフェッショナルエンジニアの制度を真似たものである。しかし、実際はその制度を真似ただけであって、資格の中身は大きく異なる。まず、米国のプロフェッショナルエンジニアは、州毎の資格である。また、業務独占で、独立したコンサルタントになるための資格である。もちろん、独立開業するためにはほかの条件もあるから、１００％独立ではない。それは、日本でも医者、弁護士、公認会計士などと同じである。

日本の技術士は、元々から独立・開業のための資格ではない。

2016年、日本には登録した技術士が8万6000人程度存在する。そのうち、79%は会社員、13%は公務員、独立・開業している人は7%程度で、残りはその他である。

そもそも、独立する気のある人は滅多にいない。

(註：技術士の人数は、試験制度が始まって50年以上の期間で登録された人、当然、亡くなっている人もいる。おそらく現役で活動している人は半分より少し多い程度だろう。)

とはいえ、独立するのではなくても技術士は「科学技術の向上と国民経済の発展に」資することを目的に存在する。

エンジニアの資格には、一級建築士や公害防止管理者、ITストラテジストなど、高難易度の資格は多くある。別に技術士だけが高難易度という訳ではない。

「エンジニアの最高資格」という人もいるが、それは違うと思う。そもそも何の資格が最高峰などというのは無意味である。

もっといえば、技術士になるということは「これからエンジニアとして一生やっていく」と宣言するようなものだ。スタートラインに立つつもりで、技術士に登録するのである。そして、あなたの専門知識と応用能力を使って、世のなかを少しでもよい方向に進める努力をすることだ。

そのため、工場などで必要とされる安全衛生法上の資格と技術士の資格は根本的に異なる。技術士の資格はその本質的な部分に倫理の要素を含んでいる。法的に求められるから技術士になるのではない。自らの判断で、社会に貢献するために技術士になるのだ。

技術士試験とはこういうものだ

技術士は難関資格といわれているが、とらえどころがなく、それが難しく感じられる要因だ。難易度は、税理士、中小企業診断士、弁理士と比べて、ほぼ同程度だ。もちろん、1次試験の話ではない。

どこから手をつけてよいのかわからない人は、多少お金がかかっても、対策講座で教えてもらったほうが早い。早く取得して、資格を使って収入を増やせば、もとはすぐにとれる。独学でもいつかは取得できるだろうが、正直、モチベーション維持が難しい。

技術士試験の対策講座はいくつかあって、選択が難しいが、モチベーション管理が苦手な人は、リアルな講座があるところがいい。

お勧めできるひとつとして、主に東京と大阪、名古屋で開催している新技術開発センターの講座がある。出版部門があるため、テキストの質は他と全く異なる。

ところで、繰り返しになるが技術士になるのはエンジニアとしての締めくくりではない。これを勘違いしている人がいるが、技術士はあくまでもエンジニアとしてのスタートラインである。だから、受験資格の業務経験年数に達したら、ぜひ受験して欲しい。けっしていわれているほど難しい試験ではないことがわかると思う。

最後に、誤解のないようにつけ加えるが、技術士の資格はエンジニア人生を送る上で取得したほうがいいだろう。取得するとやはり覚悟が生じる。エンジニアのゴールではなくて、スタートとして技術士の取得も考えた自らの成長戦略を考え設計して欲しい。

Chapter 5

一流のエンジニアは技術をもっと高い視点でとらえる

「もともと、良い悪いは当人の考えひとつ、どうにでもなるものさ」

シェイクスピア「ハムレット」第2幕第2場（福田恆存訳）

Section

1

これからのエンジニアが学んでおきたいMOT（技術経営）のすすめ

経営と技術開発はもはや分けられない

科学技術は高度に発達した。問題の考え方は複雑になり、単純な解決策は通じなくなっている。これは、もとに戻すことはできない。データの扱い方ひとつとっても、すでに勘と度胸で判断できる領域を超えているといわざるを得ない。経営者は経営だけを、技術者は技術だけを追求すればよい時代ではなくなった。

試しに現在、世界的注目されている大企業の経営者を例として挙げる（２０１６年12月現在、ＣＥＯだったり、会長だったり様々だが、代表的な人物を挙げる）。

〈1〉マイクロソフト：ＣＥＯ
サティア・ナディラ　電気工学出身

〈2〉アップルコンピュータ：CEO

ティム・クック　生産工学分野の理学士取得の後、デューク大学でMBAを取得

〈3〉グーグル：CEO

ラリー・ペイジ　計算機工学

〈4〉グーグル：共同経営者

セルゲイ・ブリン　計算機工学

〈5〉シスコシステムズ：CEO

ジョン・T・チェンバース　経営工学

みんなエンジニアだ。マイクロソフトには創業者のビル・ゲイツもいる。彼ももちろんエンジニアである。

日本でも、文系の経営者が多いといわれるなか、上場企業およそ3600社中、990社近くが、理系のトップだ。特に、電気機器業界に多い。米国の例でも、アップルやシスコシステムズは広い意味の電気機器業界だ。

そもそもＭＯＴ（技術経営）とは何か

ＭＯＴ（技術経営）を簡単にまとめると、製造業がモノ作りの過程で培ったノウハウや概念を経営学的に体系化したものである。いい換えると、技術を使って何かを生み出す組織のための経営学である。

狭義の「ＭＯＴ」は、ＭＢＡ（経営学修士）の一部であり、スタートは、１９５０年代まで遡る。しかし、全米の有名な大学がＭＯＴの講座を導入しはじめたのは、１９８０年代からである。特に、ＭＩＴ（マサチューセッツ工科大学）スローンマネジメントスクールのＭＢＡ課程にＭＯＴコースが設置されたことで知られるようになった。

しかし、日本ではＭＢＡとＭＯＴを並列に並べて議論することが多い。また、ここでは学問的な違いや歴史的な成長過程の説明はしない。それを書きはじめると、別の本になってしまう。ここでは、日本で使われているＭＯＴの訳語「技術経営」という言葉で説明する。

技術経営は２つの意味で使われている。

１つ目は、技術を基本とした経営全体である。本章では主にこの使い方を説明する。

２つ目の意味は、「技術開発活動」に対するマネジメントの意味だ。

現在、２つ目の意味で使うことは少なくなっている。実際に２つ目の使い方は、範囲をかなり狭く絞り込んでいる。いい換えると「技術」のマネジメント方法である。

そのためここでは、広い範囲を説明するように、１つ目の意味のほうにフォーカスする。本書はあくまで若手、中堅エンジニアに向けた、エンジニアとしての成長を目指すための本である。当然、経営には携わっていないと思うが、若い時期にＭＯＴのことを意識して業務を行なうのは間違いではない。必ず将来役に立つ。

繰り返すが、技術経営とは、経営する技術・ノウハウのことではない。それはどちらかといえば経営工学や経営学の範囲である。技術経営とは、技術を活用した経営であり、21世紀の高度技術社会では必須のものである。

東京理科大学の伊丹教授の言葉だが、「マネジメントの中心に自社の技術を置いて、経営戦略を議論し、立案してその戦略を実践すること」と考えればよい。

今では、国内外を問わず、大学や研究機関でも様々な研究がなされ本も出版されている。しかし、体系化された「技術経営論」というものは現在でも（２０１６年12月）存在しない。

高度に発達した科学技術社会では、経営方針を決める上でも、自らが活用しようとする技術の特徴やメリット・デメリットを、ある程度知らなければ方向性を決められない。また、その技術が市場に与えるインパクトも予測できない。

そこで、スタートとして、工場内の生産管理から会社の事業戦略、公共政策までの広い範囲をその領域として研究する、「技術経営」といわれる学問の必要性が注目されている。

技術経営は3つの障害を乗り越えるためにある

技術を使って、企業を発展させていくことを考えるのであれば、そのもとになる科学技術の発展動向も見据えなければならない。社会やユーザーのニーズに対する理解も必要となる。加えて、競合企業の技術開発はどのレベルであるのか？　反対に自社のレベルはどの程度なのか？　競合に対して、強み弱みも把握しなければならない。

一方、社会や環境に対する影響（悪影響も）を与えることがないのか？　知的財産はどうするのか？　このような複数の要素を俯瞰的に見ながら、具体的行動を決定する必要がある。

この幅の広い、一連の状況を鑑(かんが)み進むべき方向を決めるのが「技術経営」の役割だ。

資源、原料、エネルギーを購入して（インプット）、自社の技術を使って世のなかに役立つ製品に変換する、そしてその製品を世のなかに送り出す（アウトプット）。メーカーと呼

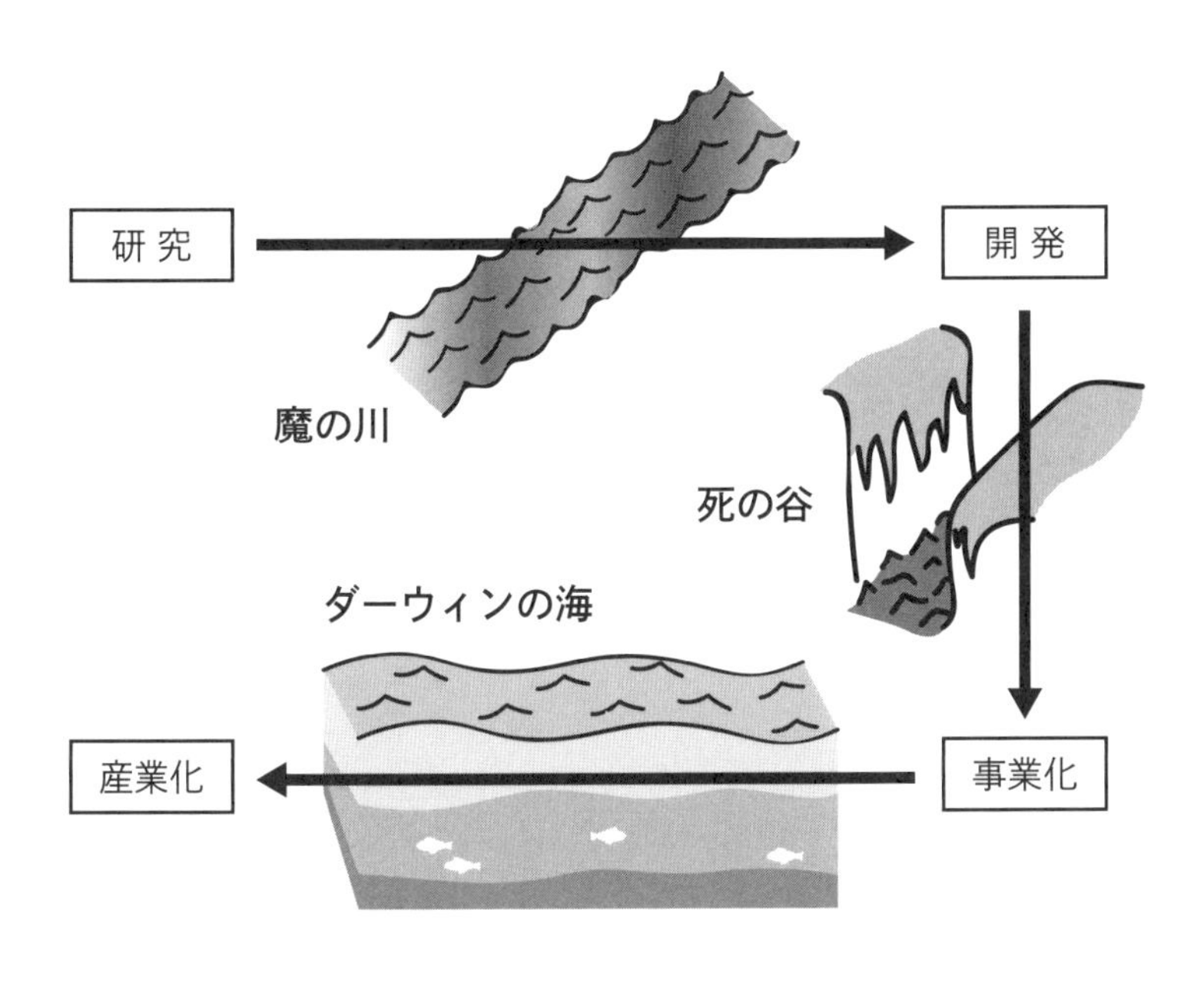

ばれる企業が行なっていることを単純化すると、この2行でいい表わすことができる。技術経営は、この単純な行為を最大限に効率化して、企業の成長を促進させることが目的だ。

ここで、MOTの本では必ず出てくる3つの言葉を覚えて欲しい。

「魔の川」「死の谷」「ダーウィンの海」。

この3つである。これはあくまでも、たとえに使用される言葉だが、よくできた言葉なので覚えて欲しい。

「魔の川」：基礎研究そのものが研究開発にたどり着かず、川に流されてしまうといったイメージを伝える言葉である。

「死の谷」：研究開発と製品開発の間に横たわる深い谷のイメージ。研究開発から生まれた新技術が製品化されず、世に出ることなく死蔵されることを示す。

「ダーウィンの海」：「死の谷」を乗り越え、新製品として世のなかに出しても、外敵がうようよ泳いでいる生存競争の激しい海を泳いでいかなければならないことを示している。

新製品を売り出せば、次は市場競争で勝ち抜けなければならない。いや、勝ち続けなければならない。そのためにはマーケティングや販売など営業活動とも相互にサポートしあって連続した革新が求められる。それができなければ、いつかダーウィンの海で外敵に食われることになる。

ＭＯＴは、この３つの障害をどうやって越えていくのかを議論し、戦略を立案するためにあるのだ。３つのステージそれぞれで戦い続ける方法を開発の段階で議論すべきだ。

Section
2
若いエンジニアがMOTを学ぶべき理由

技術には賞味期限があることを知る

前節で述べた「魔の川」「死の谷」「ダーウィンの海」という3つの障害を乗り越えるために、技術を中心とした経営戦略を立てる。それがMOTの役割だ。

21世紀の今日、先進国では性能や品質がよいだけの製品は売れなくなっている。面白い、使って楽しい、快適、これらが適度に満足されないと売れないのだ。

第1章で、スイスの時計業界が腕時計に対するこだわりから抜けられず、日本のクオーツ時計に敗れたことを説明した。しかし、それから50年、時計業界で苦い思いをしているのは、日本企業のほうである。立場は見事に逆転したのだ。

日本の時計メーカーは、時計は時間を知るための機械と考え、そこにこだわった。時間を計るのだから誤差を少なく、省エネで薄く軽量なものがいいと考え、そこを突き進んだ。国産の少しよい時計を見て欲しい。直径でわずか4〜5センチ、厚さ1センチ以下のなかに、ソーラーシステムがあり、電波を受信して誤差を修正する機能が入っている。しかも、水のなかに入れても壊れることがないというサブ機能を持った時計でありながら、その価格は数万円である。

ずいぶん前だが、ある国内時計メーカーの工場を見学させて頂いたことがある。工場内は、生産ラインの随所にアイディアがあり、工夫の跡が見られた。精度を維持するために、部品を加工する機械も特別に設置され、設置された場所で最終調整と検査を行なう（今でも行なわれているから、詳しくは書けない）。

当時は、スイスの時計が復活する前だったので、「この努力が伝統にこだわったスイスの時計を打ち負かしたのか」と考えた。しかし、日本の時計メーカーが追いかけた高機能化路線は、それを可能にする部品類が市場に出回るとともに、日本企業だけの差別化ではなくなった。中国や韓国をはじめとする、東南アジアの企業もその安い人件費にものをいわせて、すぐ日本の時計メーカーに追いついたのだ。要するに、高機能化の技術は賞味期限が短い技術だった。

スイスの時計メーカーは時計を異なる方向から見た

日本企業によって、大きな打撃を受けたスイスの時計メーカーは、日本企業に対し、正面から戦いを挑まず、からめ手から挑んできた。

例えば、一見無駄だが、遊び心を入れて、機械式時計の機械の動きそのものを見せる時計を世に出した。あるいは、時計というよりも高級装飾品としてのデザインと高度な工作を売り物とするコンセプトで時計を作った。実際に、売り場にあるスケルトンの腕時計を見るとわかるが、時間は見にくい。日本のメーカーなら絶対に作らなかっただろう。

この後、スイスでは低価格の腕時計にも趣味的な趣向を凝らし、デザインのユニークさで日本の時計メーカーを追いつめている。しかも、デザインは、マニュアル化できるものではなく、安い人件費で勝てるものでもない。要するに賞味期限が長いのである。

米国のハミルトンも後発メーカーだが、機能ではなく、そのデザインが受け入れられて売り上げを伸ばしている。

これは、今後あらゆる製品に関していえることになるだろう。自動車だって、移動できればよいと考える市場があり、ステイタスとして所有したいと考える市場もある。その両方を狙うと、どちらの市場にも響かない製品しか創り出せないで終わってしまう。

これを川上の段階から議論して、経営戦略として立案するのがＭＯＴである。ここまでの説明で、ＭＯＴが経営者だけのものではなく、新人エンジニアにとっても学ぶべき考え方だとおわかり頂けたと思う。

ガラパゴス現象が起きる理由

「ガラケー」という言葉がある。少し前の携帯電話のことだが、要するにガラパゴス化した携帯電話の意味だ。では、ガラパゴス化とは何か。重要な言葉なので少し説明しよう。

ガラパゴス化とは２００５年頃、日本で生まれたビジネス用語のひとつである。南太平洋のガラパゴス島で発見された特殊な生態系にたとえられた一種の警句だ。

ガラパゴス諸島は、周辺の陸地から隔てられその環境は孤立している。それを日本の環境に見立てている訳だ。つまり、孤立した日本の環境で「最適化」が著しく進行すると、エリア外との互換性を失い孤立して取り残されてしまう。しかも、外部（外国）から生存能力の高い製品や技術が導入されると、最終的に淘汰される危険に陥るということを、一言でいい表わしている。とてもよく考えられた言葉である。

この言葉、エンジニアは安易に使わないほうがいい。意味をしっかり意識して、戒（いまし）めとして自らに釘を刺すつもりで使うならいいが、「ガラケー」という言葉は、日本のエンジニア全て、自分が陥るかもしれない技術上の現象を表わしている。

時計でも、家電品でも、半導体でも、そして携帯電話でも何でも、高機能を追い求め、ユーザーが何を望んでいるのか考えることなく、高機能化スパイラルを猛進する。この結果が日本でのガラパゴス化現象だ。

日本には、その高機能を作り上げることができるエンジニアがいて、その要求仕様を満たすことができる生産ラインがあった。そのため、技術の追求だけに目がいって、高機能追求が好きな一部のユーザーの存在を過剰に意識した。

また、高機能で高価格な製品は、作る側の自尊心もくすぐる。オーバースペックだろうと、何だろうと、一度それを追い求めると視野狭窄（きょうさく）に陥る。

明治の文明開化から、日本人は西欧の優れた技術を学び取り入れ、そこに追いつくことだけ考えて必死にやってきた。その時はそれでよかった。先人たちの、その努力があったおかげで今の日本がある。しかし、その技術追求姿勢がうまく行きすぎて追い越す対象がなくなってからも、それが忘れられない。あえていうが、過去の成功経験は教訓として理解するのでなければ、忘れたほうがいい。

技術革新を続けていかなければ、どんな技術もやがて陳腐化する。むろん、前述したように、技術によってその賞味期限に長い、短いはある。60年代から80年代にかけて、日本のカメラメーカーやオーディオメーカーは、まさに賞味期限の短い技術で華々しく戦っていた。その挙句が現在の姿だ。

技術をどのように活用するかを考える

ＭＯＴが必要とされる最大の理由は、技術の活用を間違えないようにすることである。そのために、自社技術の賞味期限を知り、他社、他国の技術動向を探る。もちろん、これは技術を盗むということではない。むしろ、消費者のニーズを満たしている技術は何かを見定める、という意味である。

そして、自社技術を自社の成長に役立てるための戦略を考える。

ただし、戦略を立てる部分において特効薬はない。戦略策定ツールなるものがあるが、どれも眉唾（まゆつば）ものである。せいぜいやりはじめる時のハードルを下げる意味しかない（それで十分という意見があることは知っている）。

自社の方向性、将来の姿を決める戦略なのだから、頭から汗が出るまで考えて考え抜くしかないのだ。これは、経営者だけの話ではない。若い時に取り組む小さなプロジェクトひとつにしても、自社の経営戦略のどこに位置して、どんな役割を担っているのか考えて取り組む必要がある。これを、軽く考え、技術の面からだけしか見ようとせず、ＭＯＴに関して何も考えずに取り組んでいたら、あなたの成長に何も寄与しない。

小さな、ほんの小さな技術の一部を任された時でも、その活用を考えながら、プロジェクトを進めることで、あなたはきっと成長できる。

Section 3

エンジニアは、マーケティングを誤解している

マーケティングとは何かを今一度考える

マーケティングという言葉に嫌悪感を示すエンジニアもいる。そんな怪しい言葉には騙されないといわんばかりに、「安くてよいものを提供すれば売れる」と主張する。確かに安くてよいものを提供すれば売れるだろう。問題は、それを消費者にどう見つけてもらうかだ。

こんなたとえがある。東京渋谷駅のスクランブル交差点は、歩行者が青になると一斉に人が交差点を渡る。休日の午後の早い時間だと、とても数え切れる人数ではない。

あの時、交差点には何人程度の人がいるだろうか?

マーケティングとは、あの人ごみのなかから見つけてもらうことである。

あの交差点の中央部分を30メートル四方（９００平方メートル）と考え、混雑時に一平方メートル当たり何人いるかを考えてみる。実際に目算してみたが、1平方メートル当たり、

1人以上2人以下だった。およそ1200〜1600人と想定された。特に何のイベントもない、普通の日曜日の15時頃だったから、特別の日ならもっと多いだろう。

あの人ごみのなかに、たった1人あなたがいて、上から見ている人にあなたの存在を知ってもらう。見つけてもらう。それがマーケティングである。けっして、言葉巧みに人をだまして、何かを売りつけるというものではない。

消費者の購入時における意思決定の例

「ASUSTeK」略してASUSという台湾企業をご存知だろうか？ 80年代後半、パソコンの自作が流行ったが、その自作派のマニアにとってASUSは、マザーボードのブランドメーカーだった。

ASUSは、1989年設立。日本でDOS／V互換機が流行り出した頃から、マザーボードを日本や米国に向けて輸出していた。しかし、現在ではマザーボードなどの部品メーカーというよりも、ノートパソコンやタブレット端末のメーカーとして知られるようになっている。

最初にネットブックと呼ばれた低価格の小型ノートパソコンを販売したのは、2008

年。それから4年後、パソコンの出荷台数で世界5位まで業績を上げている。この間、パソコンの出荷台数は世界全体では落ち込んでいる。いうなればひとり勝ちしている訳だ。

これは、ＩＴ系の製品ならではのマーケティングが功を奏したのだ。パソコンやスマートフォン、タブレットなどを購入する場合、消費者はインターネットページで情報を収集する。また、そこには消費者による無数のレビュー、利用体験が載せられている。あるいはＩＴグッズの評論家らしき人たちの詳細な意見や報告が散見できる。

これらを小一時間も見て回れば、購入を希望する人は、それらの製品に対しておおよその知識を持ち、ある程度正確な評価を持つことができる。ＡＳＵＳはそこに勝機を見いだした。

一方、日本国内メーカーのパソコンは、子供からお年寄りまで使えるようにと、予めソフトウェアをインストールし、購入したらそのまま使えるように作られている。そして、ここが肝心だが、パソコンをそのように購入する人は、ネット上のレビューなど見ないし、量販店で店員に勧められる製品を購入する。もちろん、本人もレビューなど書かない。

いい換えると、パソコンをパソコンとして購入する人は、ネット上のレビューを調べて、ＡＳＵＳのパソコンの評価が高いことを知り購入する。日本国内の消費者は、量販店の店員（主にメーカーの出向社員）の話を聞いて勧められたものを購入する。

片方は、世界中で売り、もう一方は日本国内だけで売っている。これでは勝負にならない。

Section
4
経営者と技術者の立場の違いを知る

エンジニアの帽子を脱げ！　という言葉に気づかされること

スペースシャトル「チャレンジャー号」の爆発事故は、多くのエンジニアにとって知られている。この事故が発生した経緯については、モートンサイオコール社（以下、MT社）の中堅エンジニア、ロジャー・ボイジョリーのメモによるところが大きい。事故の前日、NASAとMT社の間では白熱したテレビ会議が行われていた。

念のため簡単に説明すると、NASAは、チャレンジャー号を予定通りに発射したかった。しかし、MT社のエンジニアだったボイジョリーは、低温化では燃料漏れを防止するシールの性能が保てず、明日の気温下での発射は燃料漏れの危険があり、断固反対すべきと執拗に主張した。

スペースシャトルの発射には、全ての協力会社（1次受けまで）の承諾サインが必要であり、ＮＡＳＡといっても勝手な打ち上げはできなかった。

ＭＴ社のほうでも、気温の低下と燃料漏れの明確な危険を示すデータは持っていなかった。そのため、結局ＭＴ社の経営陣は、ＮＡＳＡからの仕事が減ることを恐れ、ＮＡＳＡの管理者たちに発射中止を説くことをあきらめた。

これで、ロケットが無事なら問題はなかったのだが、打ち上げられたスペースシャトルは、発射後72秒後に漏れ出した液体燃料に引火し爆発、空中分解してしまった。このスペースシャトルには、女性高校教師のクリスタフ・マコーリフが搭乗していて、宇宙から授業を行なうことになっていた。

そのためもあり、事故に対するマスコミの注目度も高かった。現在も、ユーチューブで発射から爆発までの様子を見ることができるが、技術者倫理の上でも貴重な大事故である。

記録によれば、打ち上げ予定日の前日の夕方、フロリダのケネディ宇宙センター、マーシャル宇宙飛行センターとＭＴ社を結んだ電話回線を使って、遠隔地会議が行なわれた。ＮＡＳＡとしては、何としてもＭＴ社に発射ＯＫのサインをさせるための会議である。

シールの危険性についての議題から始まったこの会議は、ボイジョリーらが提出したデータにもとづき、ＮＡＳＡとＭＴ杜双方の意見が交換された。しかし、ボイジョリーらが用意したデータは、今までの飛行で気温とシールの密閉性に問題があった飛行のみを取り上げ、その不具合数と気温を示したものであった。

そのため、不具合のない飛行の条件となる気温について、あるいは必ず不具合の起きる条件となる気温についてなど、全飛行から気温とシールの密閉性を考察ができるものではなかった。簡単にいえば、問題のあった事例からだけ、データを集めていたのである。

こうしたなか、データを再評価する時間が欲しいというMT社の申し出により、会議は5分間の予定で中断された。

遠隔会議の回線を切って行なわれたMT社での会議は、予定を大幅に超過して30分にも及んだ。ボイジョリーとトムソンは再度、自分たちの考えを説明し、打ち上げに反対した。

しかし、NASA側の出席者にはジョージ・ハーディやラリー・ムロイなど、全米でも高名な技術者がおり、その高名な技術者たちは、こぞって、MT社に対してあからさまな不快感の表明をしていた。さらに、MT社が自ら、自らの分析として示しているデータは、打ち上げを中止するほどの決定的なものではないと揺れていたことが、大きな影響を与えていた。

最終的に、技術的な議論が進展せず、平行線をたどり始めたため、MT社の上級副社長メイソンは同席していたほかの経営幹部3名（ウイギンス、キルミンスター、ランド）を前に、「打ち上げたいと思っているのは俺だけか」と怒鳴り、怒りをあらわにしながら「経営的判断」を求めた。メイソンの態度によって、まずウイギンス、キルミンスターの2人は打ち上げに賛成した。

さらに、技術者の意見を尊重し、打ち上げ反対の立場をとっていた技術担当副社長ランドも、メイソンから

「技術者の帽子を脱いで、経営者の帽子をかぶりたまえ」（"Take off your engineering hat and put on your management hat"）

という言葉をかけられた。

最終的には、ランドも打ち上げ賛成に回り、経営幹部の意見は賛成4、反対0となった。これによりMT社は打ち上げに同意することになった。

この事例では、MT社のエンジニアだったボイジョリーが、とても評価されている。しかし、彼は、NASAはもちろんのこと、自分の上司を説得できなかったし、自社の上層部も説得できなかった。そのため、発射を止めることはできなかった。一介のサラリーマンエン

ジニアが、社長を説得することは容易ではない。だが、彼は本当にベストを尽くしたのだろうか?

ボイジョリーが、危険性に気がついたのは、事故の1年前、1月24日の打ち上げ後の調査後だった。それから社内のタスク・フォースを作り検討を開始している。そして、7月には、調査の結果として、フィールド・ジョイントの問題の危険性を自社の幹部に書面で知らせている。

しかし、記録ではそこまでなのだ。その後、最後の段階になって、打ち上げ前日、NASAとのテレビ会議で呼び出され、「部屋中から資料をかき集めて」会議に出席したということだった(本人の談)。

この段階で、部屋いっぱいの資料とはどういうことだろうか。要するにまとまっていなかったのだ。また、どうすれば自分たちより権威も地位も上にあるNASAの専門家を説得できるかという方法を考えていなかったのだ。厳しいかもしれないが、これではボイジョリーを評価できない。

この段階で、本気でNASAを説得するには、「最も危険にさらされるパイロットたちにも伝えて欲しい」というしかなかったと思う。技術的、科学的な話で説得しても無理だからだ。

ボイジョリーは当時、30代のエンジニアだ。NASAの専門家がそんな若いエンジニアの話を聞いてくれるはずがない。しかし、感情に訴えて、「とにかく、パイロットには話してくれ。彼らに選択権を与えるべきだ」といえば、あるいは、発射を止められたかもしれない。

技術者倫理か経営者倫理か

データねつ造、改ざん、不正データ隠し、有害物質の垂れ流しなど、時々新聞紙面を賑わす事件が発生する。テレビでは経営者がカメラの前で深々と頭を下げる。こんな時は、とにかく平身低頭体全体で反省の意を表現しなければならない。うっかり変なことをいうと、その前後を切り取られ誤解されやすい言葉だけが独り歩きする。

チャレンジャー号の場合は、事故調査委員会ができて詳細な報告があったから我々もそれを知ることができる。例えば、前述のMT社、技術担当副社長ランドが、メイソンから「技術者の帽子を脱いで、経営者の帽子をかぶりたまえ」といわれたが、そんなことは普通は明らかにされない。

組織、あるいは、会社では通常、技術者の考えより経営者の考えが優先する。そうなると、技術者がどんなに努力しても、経営者に倫理的な意識がなければ何にもならないということになる。それなら、技術者倫理などといわないで、経営者倫理の是正に力を注いだほうが効率的だ。エンジニアは理想に向かって努力すべきである。

Section 5

技術者のコミュニケーション能力が正否を分ける

エンジニアは、専門家以外にも上手に話す必要がある

チャレンジャー号は、不幸な事故であったことは間違いない。そこにはNASAの体質や、当時の政治的な圧力などもあったのだと思う。

日本でも多くの人は気づいていると思うが、JR福知山線の事故以来、電車は少し何かあると停止するようになったし、その後電車の遅れを挽回しようとしなくなった。交通システムは時間通りに動くことが、高品質のサービスであるが、安全がそれより優先されるという意識が定着してきたのだろう。もちろん、それでよい。大きな事故は、その組織に対しても経営危機を与えるものだ。

こうしたことが起こらないように、日頃からエンジニアは専門以外の人にも、技術的な話を上手にわかりやすく伝えるように努力すべきだし、そのための能力を養う必要がある。ト

レーニングを積まないと、いざという時に対応できない。
次は、それがうまくいった例を紹介しよう。

東京のサンシャイン60と同じ高さのビルが倒壊の危機に

東京豊島区池袋駅から、歩くと10分程度のところに、1978年竣工のビル「サンシャイン60」がある。場所は数十年前「巣鴨プリズン」と称され、極東軍事裁判で戦争犯罪者とされた東条英機などが絞首刑になったところである。そのためか、目立たない場所だが、ビル直近の東池袋中央公園内に平和祈念慰霊碑が建立されている。

このビルは軒高226・3メートル、竣工した当時は東洋一の建物だった。

このビルとほぼ同じ大きさの建物がサンシャイン60よりも、1年早く、ニューヨークの3番街に出現したシティーコープタワー。シティバンクの本社ビルである。

この建物には、大きな特徴が2つある。ひとつは、屋上にある三角形の屋根、そして建物全体を持ち上げる4本の巨大な柱だ、順番に説明しよう。

この建物を建てた土地は全米でも有名な教会が所有していた。また、その教会は土地の真んなかではなく、角に建っていた。シティーコープ側は、その教会を新しく同じ位置に建て直すことを条件に、この土地の空中使用権を得たのである。

そのため、角のひとつを空けて建物を建てなければならず、建物の四つ角ではなく、4面の壁の真ん中に柱を立てることになった。異様な柱が、高さ9階分を持ち上げ、建物は全体として59階の高さだった。

また、全体を軽くするために鉄骨を使った梁構造を採用したことで、建物は風で揺れやすい構造になった。その風から来る揺れをキャンセルするために、屋上に重さ400トンの重りを乗せ、電動ダンパーで動く仕組みを作った。その装置が三角屋根の中に入っている。

この電動ダンパーによる制振装置は、現在ではどこでも使われるありふれた装置だが、当時は世界初の試みだった。およそ40年前のことである。

このシティーコープタワーの構造設計を行なったのは、ウイリアム・ルメジャーだった。彼は、当時30代だったが、高層建築では幅広い経験を積んでいて、若手の注目される構造設計の建築士だった。彼は、前述した革新的アイディアを使って、見事に制約条件をクリアして建物を完成させたのである。

ある学生からの質問が引き金だった

1978年5月、シティーコープタワーの工事は終わり、別の建物を担当していたルメジャーは、その建物の設計にも筋交い法を取り入れてみようと考えた。

しかし、ルメジャー氏が筋交いについて施工業者に伝えたところ「設計で考えている筋交いの接合法は貫通溶接であるが、貫通溶接では時間もコストもかかりすぎる。貫通溶接ではなくボルト接合にしたい」といわれた。

そこで、ルメジャーはシティーコープタワーの建設ではどのような議論があったのかを知りたくなり、改めて当時の施工業者に問い合わせてみた。すると、シティーコープタワーの建設においても、ルメジャーの指示通りの貫通溶接は行なわれておらず、ボルト接合に変更されていたのだ。

翌月の1978年6月、ルメジャーは、工学部に在籍する1人の学生から電話でビルの支柱に関する質問を受けた。質問は、設計条件の誤解にもとづくものであったため、ルメジャーは支柱の位置やシティーコープタワーの特徴について説明した。この時ルメジャーは、このシティーコープタワーが大学の構造工学を教える際に、とても興味深い事例になることに気づいた。

特に、当時のニューヨークの建築条例では、風は垂直方向からの影響のみを考慮すればよいという規制にとどまっていたために、ルメジャー自身も、シティーコープタワーの斜め方向の風に対して正確な計算をしたことはなく、新たなピルの評価に大きな興味を持った。

ところが、斜め方向の風を計算したルメジャーは愕然とする。斜め方向からの風により、主要な構造部材には想定されていたよりも40％以上大きい応力が働き、接合部では応力が160％も増加するという計算結果だった。

要するに、強い風で倒壊する可能性があったのである。急いで、建物の設計段階でコンサルタントをしていたウエスタン・オンタリオ大学のアラン＝ダベンポートから、風洞試験のデータを入手しボルト接合への変更なども反映した「実際に建設されたシティーコープタワー」について検討した。

その結果は、接合部が現状のボルト接合のままだと、16年に1回ニューヨークを襲うハリケーン程度の風力で、建物が崩壊する可能性があることがわかったのである。1978年7月末の出来事だった。

もし、池袋のサンシャイン60が台風で倒壊したらどうなるか、考えて見て欲しい。

後のインタビューでルメジャーは、「自殺しようかと考えた」と笑いながらいっている。もちろん、彼は自殺などしていない。それどころかハリケーン襲来まで2ヶ月程度の期間のなかで何とか建物を倒壊の危機から救う手立てを考える。

この時、彼は、「この建物がハリケーンで倒壊するかもしれないことに気がついているのは、今、世界に自分1人である」と意識した。これは、技術者であれば誰でも直面する可能性のあることだ。自分が持つ専門知識と応用能力によって、自分だけが危機の可能性に気づくことはあり得る。この件のルメジャーはまさにそれだった。

情報を伝え、人を巻き込んで説得する力が必要

ルメジャー氏は、この問題を解決するために、次の行動を取る。風洞実験の結果を知った2日後からの行動である。

7月31日：シティーコープタワーの構造コンサルタント、自分を雇った建築会社の顧問弁護士、保険会社に連絡し協力を仰ぐ。

8月1日：保険会社の弁護士数人と会議。構造エンジニアのロバートソンを特別顧問に雇うことを決定。ルメジャーの共同経営者がシティーコープの副社長リードに面会の約束を取りつける。リードに状況を説明。

8月2日：リードの仲介により，シティーコープの最高責任者リストンに面会。修理の提案に対し、リストンは、協力を即決し、ビルのテナントはもちろん関係

方面との連絡を自ら取り仕切ることとする。

8月3日：補強工事を請け負う会社のエンジニアと相談し、現状と工事計画について同意。

このように、短時間で話をまとめ、建築の素人にも事態の重大性・緊急性を認識させながら、危機回避の手段を打っている。

前項（169ページ）で紹介した会社員エンジニアのボイジョリーと、建築事務所の経営者だったルメジャーを、同列に比較することはできない。

しかし、およそ1年の期間がありながら、上司を説得できなかったボイジョリーと、わずか4日でシティーコープの最高責任者の同意を得ることができたルメジャーの手法は、やはり根本的に異なるものだったのだ。

その一番違うところは、事態をわかりやすく伝える能力であろう。専門家は、とかく専門家だけにわかる、伝わる話をしようとする。しかし、それでは一部の人しか伝わらないし、話を進めることが難しい。特にこのシティーコープの場合はそうだった。

ルメジャーがとった行動は、倫理的な面だけで評価されているが、それだけではない。彼の情報を伝え、人を巻き込んで説得する力こそ、このシティーコープタワーの倒壊を防いだ源泉なのだ。

事前の対策と優れた技術力で対応

話を続けよう。

改良工事を進める一方で、ルメジャー氏は、万一に対する備えも行なった。ハリケーンで停電が起こった場合を想定したのだ。タワーの振動を押さえる役割をする「同調質量ダンパー」は、電気で動き制御されている。つまり、停電の場合はこれが働かない。要するに、風からくる揺れに対して、なおさら弱くなるのだ。そのため、停電に備えて無停電の補助電源を確保した。

さらに、気象学の専門家を2人雇い、大西洋でのハリケーンの発生を常時監視させた。もちろん、ハリケーンの情報は逐次入手できるように手はずも打ってある。

驚くのは、これらに加えて、ビル周辺の半径10ブロック圏内の住民緊急避難計画を策定した上で、ニューヨーク市当局に状況を説明していることだ。

一方、ただちに開始された補強改良工事では、不必要な混乱を引き起こさないように、さらに、テナントに迷惑をかけないように、夜間に行なわれた。また修理中にほかの脆弱な部分についての調査や、最も適している修理方法選定のための強度計算なども同時に行なっている。

このような準備のなか、工事中の9月1日にハリケーンが発生して関係者は警戒したが、幸い、ニューヨークに上陸することはなく、海上にそれた。

運も味方したのだと思う。工事は順調に進み、本格的なハリケーンシーズンになる9月半ばには、工事が終了し、避難体制なども解除となった。そして10月には，補強工事は無事に完了し、シティーコープタワーは700年に一度の超大型ハリケーンでも倒壊しないような強度を持ったビルに生まれ変わったのだ。

行動が評価され、保険金額は値下げになった

補強工事がほぼ完了した9月の半ば、シティーコープとルメジャーの間で、修理費の支払いに関する協議がもたれた。補強やその他の対策にかかった費用の正確な金額はわかっていないが、800万ドル以上という説もあるし400万ドル程度という話もある。いずれにしても、ルメジャー氏が払うことができたのは損害保険から出せる200万ドル程度だったようだ。

しかし、何とシティーコープ側はこの金額で納得している。不足分は、シティーコープ側

が払ってくれたのだ。さらに、その後、保険会社との話し合いの席でルメジャー側は保険掛け金が引き上げられることを予測していたのだが、ルメジャーがビル倒壊のリスクを察知し、これを回避したことが評価された。保険会社からすれば、保険史上最悪の大損害を未然に防いだということだった。

ここで繰り返すがルメジャーの行動は、確かに倫理的であり立派な行動である。しかし、彼はエンジニアとしても一流だった。改良工事だって、工期通りにいかないことはいくらでもある。しかし、そうはならず、ハリケーンが来るようになる前にしっかり完了させている。そして、やはり一番は説得がうまかったことだ。

専門家でありながら、異なる分野の人たちをうまく説得できる技術。これがルメジャーに備わっていたことが、ビルを倒壊から防いだ真の力だった。また、それがモートンサイオコール社のエンジニア、ロジャー・ボイジョリーに不足していた能力だ。専門家は、専門家以外の人に対する説明を十分に意識して、彼らに接しなければならない。

Section
6

CTO（最高技術責任者）とは

CTOの職務は広大

インターネットの辞書「コトバンク」では、CTO（最高技術責任者：Chief technical officer または Chief technology officer）のことをこう説明している。

自社の技術戦略や研究開発方針を立案、実施する責任者のこと。オフィサー制度のなかの役職の一つで、製造業やIT業界など、技術力がコアコンピタンスである企業においてはCEO（最高経営責任者）、CFO（最高財務責任者）などと並んで極めて重要な役割を持つとされる。実際にCTOの肩書を持つ人の役割は会社によって異なり、しばしば技術部門や研究開発部門の長を意味する。ただし、チーフ・オフィサーは本来的にはラインに属さない〝経営者〟であり、米国のMOT（技術経営）の観点ではその実践者、最高責任者と位置づけられる。

説明の通りだと思う。

技術力を使って、会社・企業を成長させるためには、どうしても外部・内部の技術に明るい人間が経営サイドにいなければならない。

コンサルタントとして、企業の経営者の話を聞く機会があるが、時々自社の技術について何も知らないことに驚かされる場合がある。もちろん、中小企業ではCTOなどいない。社長か専務が兼任している。それはよい。本人がその業務を自覚していれば同じことだ。

自社の技術を活かし、大きな経営資源に育てつつ、経営戦略のなかに取り込んでいく。あるいは、自社の技術を武器にして企業の進む道を考える。これがCTOの役割である。経営者が兼務でない場合は、経営者を補佐する立場となる。

アメリカでは、50年代~70年代辺りまで、日本でもバブルが崩壊する90年代あたりまで、企業は中央研究所を持ち、技術開発に勤しんだ。研究所に入った社員は、日々の雑務に煩わされず、ビジネスから介入されずに研究を進めることができた。

しかし、残念ながら思いのほか成果は出なかった。そのため、閉鎖になった研究所も多い。現在では研究所を持たず、大学に金を出して研究を依頼することが多くなっている。

これも、どこの大学のどの教授と組むのか、それを決めるのはCTOの役割である。やはり技術動向にも明るくなければできない業務だ。

チャレンジャー号の悲劇を起こさないために

前述したように、モートンサイオコール社の経営者は、自社の社員が警笛を鳴らしたが、親会社であるＮＡＳＡの意向を気にして技術的な問題点を無視してしまった。前述したように警笛を鳴らしたボイジョリーの鳴らし方にも問題はあった。しかし、上層部のなかにも技術がわかる人もいた。「エンジニアの帽子を脱げ」といわれて、「はい、わかりました」ということはやはり問題なのである。

サイオコール社の幹部は、打ち上げの安全性を証明するのではなく、打ち上げが「危険」だということを証明しろというＮＡＳＡ幹部からの要求に簡単に負けてしまったのだ。後に事故調査のなかで、ＮＡＳＡ幹部は打ち上げスケジュールを維持するために安全規定をしばしば無視していたことが明らかになっている。

仮に、技術的な問題点がわかる上司が、もう少し早く、ボイジョリーらの行なっていた検証実験に関わっていれば、事態は変わっていたのかもしれない。

スペースシャトルの問題ばかりではない、自動車メーカーのデータ不正や、建設会社のマ

ンション基礎工事データの不正など、1年に数回は新聞紙面を賑わせる事件が発生している。製品を世のなかに提供して、利益を上げ、会社を成長させていくならば、その安全性や何か不測の事態が発生した時の対応など、日頃から、実践的な訓練も行なわなければならない。それらを計画し実行に移すのもCTOの任務である。
　やはり、技術で利益を上げる企業には技術に明るい人間が経営陣のなかにいなければならない。現在でもそうだが、今後ますますCTOの役割は重要になる。そうでなければ、ダーウィンの海のなかを泳ぎ切ることはできない。

Chapter 6

これまでの常識は捨てろ！

……エンジニアが必ず考えておくべきこと

「それにしても、ありがちのことだ、身を低きに置くのも、所詮は若き野心が足をかける梯子のたぐい、高みに昇ろうとするものは、かならずそれに目をつける」

シェイクスピア「ジュリアス シーザー」第2幕第1場（福田恒存訳）

Section

I

エンジニアも考えさせられたあのこと

参考になるn線騒動

「情報爆発」と共に、ネットの検索が著しく発達したため「研究に対する疑義」を根掘り葉掘り見つけるサイトが存在する。まるで探偵ゲームのように粗探しして、いくつもの有名論文の不正が暴かれたことがある。ただし、騒ぎになっただけで問題のないものもあった。科学の世界で、近年大騒ぎになったねつ造を疑われた事件は、何といっても「ＳＴＡＰ細胞」事件だろう。

何しろ、山中教授によるｉＰＳ細胞の研究が２０１２年にノーベル賞を受賞して間もない時である。バイオ・ライフサイエンス系の研究世界が沸き立っていた。世のなか全体が、次の新たな発見を待ち望んでいたところに、若い女性研究者が常識を覆す新発見を発表したのだ。新聞もテレビも大騒ぎになるのは仕方がない。

実は、STAP細胞騒ぎと全く同じ現象がおよそ110年前に起きている。この時の騒ぎを知っていれば、今回の騒ぎの参考になったかもしれない。

ルネ・ロンドロ（1849〜1930年）は、n線の発見者という名誉とはいえないような名誉を持っている。ブロンドロはフランスのナンシー大学（現在もソルボンヌと並ぶ一流大学）の研究者で、傑出した物理学者であり、1800年代後半には数々の優れた物理学上の業績をあげていた。けっして、怪しい二流学者ではない。

1800年代後半から1900年代前半にかかる時期は、物理学にとって興奮に満ちた期間だった。1895年レントゲンによってX線が発見され、その後の数年間にα、β、γ線といった、様々な種類の放射線が続々と発見されていた時期だ。

ブロンドロは、発見した放射線に自身が勤務するナンシー大学にちなんで「n線」と命名した。n線の発見を公表した1903年当時、物理学者たちは新しい型の放射線を発見するための心の準備ができていた時だった（今回のSTAP細胞と同じ）。いい換えると、時代の雰囲気が、新しい放射線の登場を待っていた。

1903年の論文でブロンドロが報告したn線の特性のひとつは、電気スパークの輝きを増大させるというものだった。ブロンドロは、n線を検出する際、スパークの明るさを自分の目で主観的に測定していた。明るさの客観的な測定に、ほかの装置が用いられるようなことはなかった。

しかし、ブロンドロは高名な物理学者であったため、ひとたびn線が公表されるや、ほかの物理学者たちはこぞってその研究に走ったのだ。公表直後の数年間、堰を切ったように膨大な論文が提出された。その大部分はフランスの大学の実験室からのもので、どれもn線の存在を確認し、新しい特性をさらにつけ加えるものだった。

当然のことながら、ブロンドロの研究室が一番進んでいた。また、その時までに、彼はn線の存在を決定する新しい検出方法を得ていた（と発表されていた）。それは、n線を照射すると輝きを増すような化学物質を塗った蛍光板を使用するというものだった。

しかし、この時もまた、輝きの程度はまったく主観的な目視確認だった。さらに、測定時に実験者には「蛍光板を直接見てはならない。眼の隅から横目で見なさい」と、ブロンドロは、はばかることなくいっていた。要するに、まっすぐ見ないで横目で見ろということである。今の我々は「なぜ？」と思うが、渦中の人たちはそう考えない。

しかし、ないものはない。1904年には、フランス以外の国の科学者から反論が増えてきた。さらに、n線擁護派にとって致命的となったのは、フランス以外の国の物理学者がブロンドロの実験を再現できなかったのだ。主観的ではなく客観的に明るさの測定がなされるようになると、そうした再現の失敗は一層目立つようになった。

騒動は、花火のように終わった

そのなかで、n線の存在を否定する最も強力な証拠が得られた。アメリカの物理学者ロバート・W・ウッドが、ブロンドロの実験の真否を自分の目で確かめるため、ブロンドロの実験室を訪れたのである（ネイチャー誌の依頼で派遣されたという話もある）。

ウッドには風変わりな一面があって、物理学以外のことによく首を突っ込んでいた。ウッドが好んでしたことのひとつに、心霊術を行なう霊媒のいかさまを暴露することがあった。その経験が、ブロンドロのn線実験を検証する際に大いに活かされた。

ブロンドロは、鉛がn線を通さないことをつきとめていた。ウッドがブロンドロの実験室でn線効果の実演を観察したところ、n線の実在の証拠としている明るさの変化は、ブロンドロの想像力の産物であると結論づけた。それは、n線の存在を証明したいというブロンドロの願望がそうさせたのだという結論だった。

n線実験は照明を暗くした実験室で行なう必要があった。その放射線の存在による明るさの変化を観察しやすくするためだ。ウッドはこの暗がりを利用し、明るさの変化の測定がブロンドロの信念の産物であって、ｎ線の有無に関係のないものであるかどうかを試した。

ある実験で、ウッドはｎ線源と蛍光板の間に鉛板を挿入してｎ線を遮断するという荒業を行なった。もちろん、ブロンドロには告げていない。ウッドはほんの少し、しかし決定的な変更をその実験に加えた。彼はブロンドロに鉛板がｎ線を遮断していない時に鉛板を挿入したと伝え、遮断している時には逆にはずしていると教えた。

もし本当にｎ線があるのなら、蛍光板の輝度の判定は、実際に鉛板が線源を妨げているかどうかによるはずであり、ブロンドロがどう思っているかにはよらないからだ。

その結果、ブロンドロの輝度の判断は、彼が信じている鉛板の位置に依存していることをウッドは突き止めた。ブロンドロは、鉛板が間にある（ｎ線を遮断している）と信じている時は、実際はその逆であっても蛍光板の輝きは小さくなったと報告した。逆に、鉛板はないといわれると（ｎ線が照射されるはずの時）、たとえ実際は鉛板があっても、輝きは増したと報告したのだ。

その後１９０７年頃には、フランスでも誰もｎ線の話題に触れなくなった。しかし、ただ１人、ｎ線の存在を信じて死が訪れるまで研究を続けた科学者がいた。発見者のルネ・ブロンドロである。彼は、ｎ線の存在を信じ、その生涯をｎ線の研究に捧げた。

時代教訓を知っていれば「ＳＴＡＰ細胞」騒動は違う展開になったと思う。

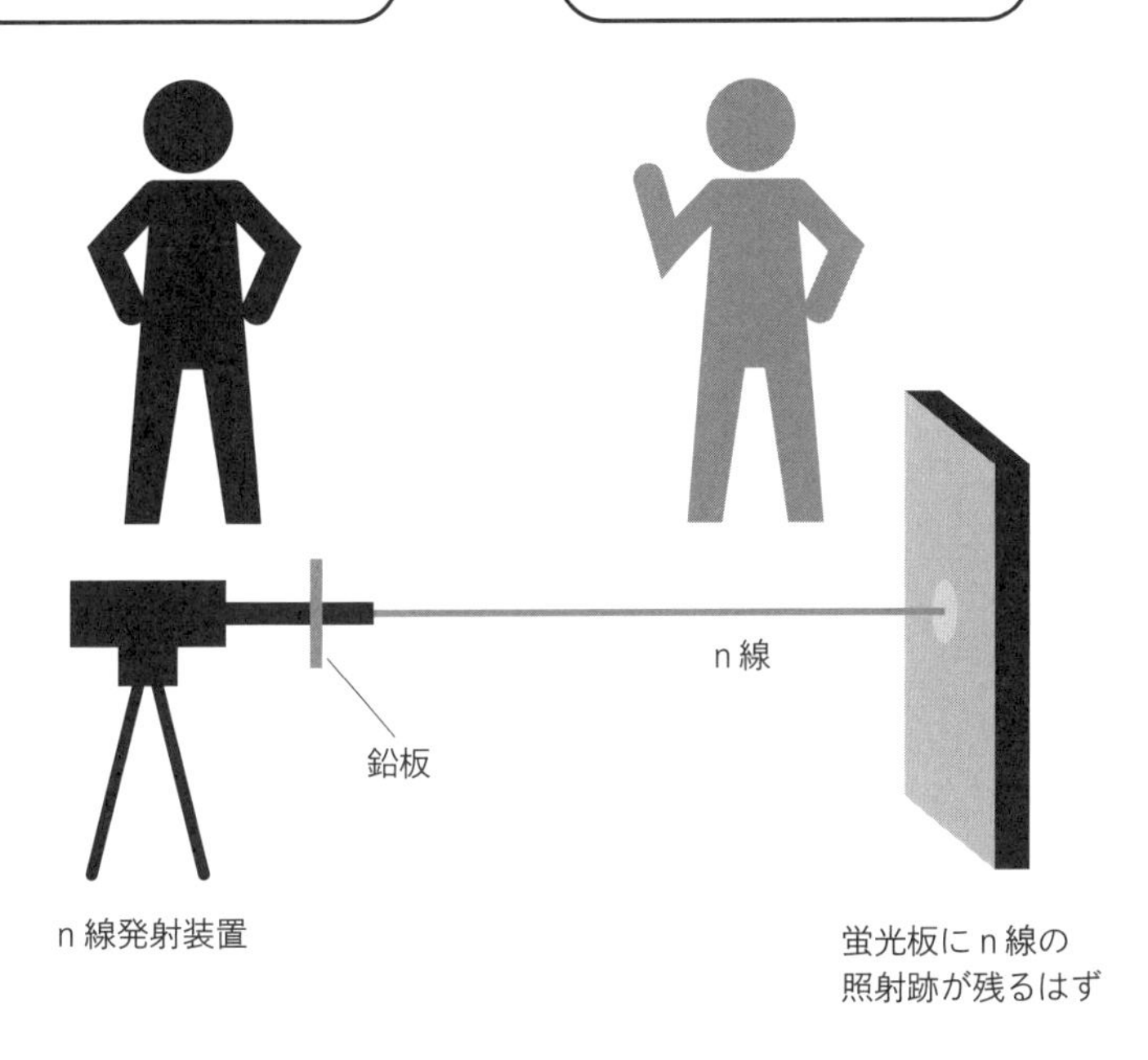
ウッドは鉛板を入れた時に、「入れてない」といい、入れない時に「入れた」と告げた
ブロンドロは、ウッドの嘘に気がつかず、「鉛を入れた」といわれた時にn線が見えないと報告した
n線
鉛板
n線発射装置
蛍光板にn線の照射跡が残るはず

※記録がないため想像図

科学技術の世界には自浄作用がある

科学技術の世界では、最初の発見だけが称賛される。常にそのため研究者は競争のなかにいる。これは、特許などもある程度同じである。しかしまた、１１０年前の「ｎ線」は検証の結果、間違いは間違いと判断される。

このような事件は、ある程度の時間を経て何度でも発生する。いい換える教訓は活かされない。しかし、結局のところ、毎回、同じような自浄作用で訂正されることになるだろう。そこに疑似科学と本当の科学の違いがある。

Section 2

消えた技術はいくつある？

消えた技術を振り返る

イノベーションとなる技術は、当初大きな抵抗を受けることもある。今は、ついてないほうがおかしい自動車のエアバックでさえ、当初、社内ではほとんどの人が反対だった。このことは、小林三郎氏の『ホンダイノベーションの神髄』（日経ＢＰ社）に詳しい。

技術の歴史に少しでも興味があれば、消えた技術を調べてみると面白い。そこには、陽の目を見ることなく散っていった技術の屍（しかばね）が山のように積み重なっている。あるいは、一時的に陽の目は見たものの消えていった技術たちだ。

例を挙げよう

「ワードプロセッサー」：１９７８年に東芝が発売開始の口火を切って他社が後を追った。ワードプロセッサーは欧文と和文で考え方が異なる。欧文はスペルチェックができるタイプ

マツダ和文タイプライター

大谷和文タイプライター

ライターだ。一方和文の場合は、コンピューターが文脈を判断しながら仮名文字を漢字に置き換える。ワードプロセッサーが発売される前は、上記の写真のような和文タイプライターがあった。どちらの製品も、今は消耗品さえ売っていない。

「ポケベル」：１９６８年にＮＴＴがまだ電電公社だった頃、東京23区でサービスが開始された。１９９６年時点が契約者のピークであり当時１０７８万人。その後２００７年にはサービスが終了している。中学生、高校生には特に大流行した通信機だから、１９８０年代生まれの人には懐かしさがあると思う。「ポケベル」⇓「ＰＨＳ」⇓「携帯電話」⇓「スマートフォン」と成長してきた。

「銀塩カメラ」：これは現時点で消えた技術といえないかもしれない。しかし、日本の高度成長と一緒に発達した高度技術の象徴は一眼レフカメラと高級オーディオである。どちらも、そのメーカーは経営難に陥っている。そうなっていないメーカーは、富士フィルムのように他分野へのイノベーションがうまくいったのだ。富士フィルムとコダックの比較はそれだけで1冊の本になる。

続けるときりがないからこの辺で止める。何がいいたいかというと、一世を風靡して消えていく技術は多いということだ。というより、技術とはそういったものと考えて開発しなければならない。

開発者はどうしても昔自分が作って評判がよかった製品や技術にしがみついてしまう。ある製品や技術が世に出た経緯を知っていると、どうしてもその流れで次の製品や技術も同系列の中で考えてしまう。

特に、その分野の草創期（そうそうき）や黎明期（れいめいき）に開発した技術や製品はそうなりやすい。その罠に陥ってしまうとその企業は次の時代に取り残されてしまう。やはり、成功体験はどこかで捨てなければならない。

Section 3

エンジニアの道は茨の道なのか？

世の中は不具合製品に対して厳しくなってきた

世界中の人々に便利で快適な暮らしを提供するために、エンジニアは様々な製品を考え出す。危険なものを安全に制御して、誰にも害を与えないような製品を創ることが目標である。しかし、元々は危険なものだから、少しでもミスがあると事故に繋がる恐れもある。また、その時は製造者としての責任を取らされる場合もある。

新聞やテレビでは、「工業製品の事故が増えている」「日本の技術力は低下している」「製造業のモラルが低下している」などと報道している。しかし、それは逆だ。世のなかが小さな事故も許さなくなったことと、製造側が、小さな事故も隠さなくなったこと。それが次のデータに出ているので見て欲しい。

少し古いデータで恐縮だが、リコール件数は、10年で5倍弱、製品事故件数は、10年で3・

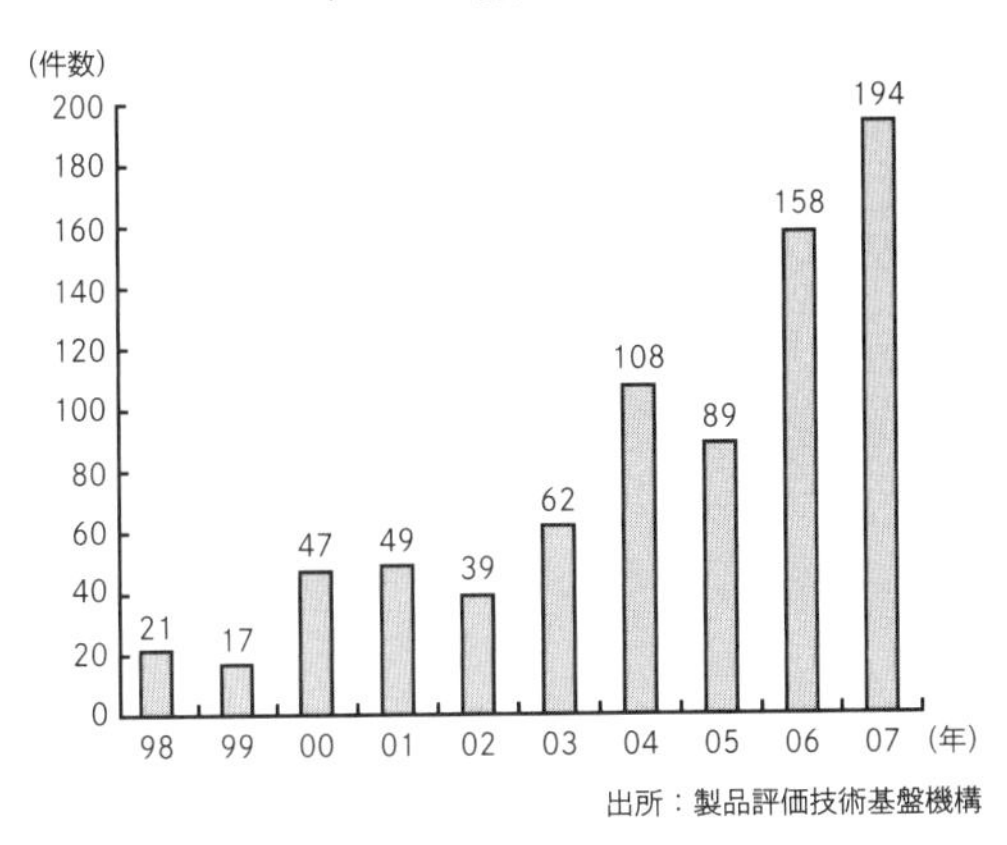
リコール件数の推移
(件数)
200
180
160
140
120
100
80
60
40
20
0
21
17
47
49
39
62
108
89
158
194
98
99
00
01
02
03
04
05
06
07
(年)
出所：製品評価技術基盤機構

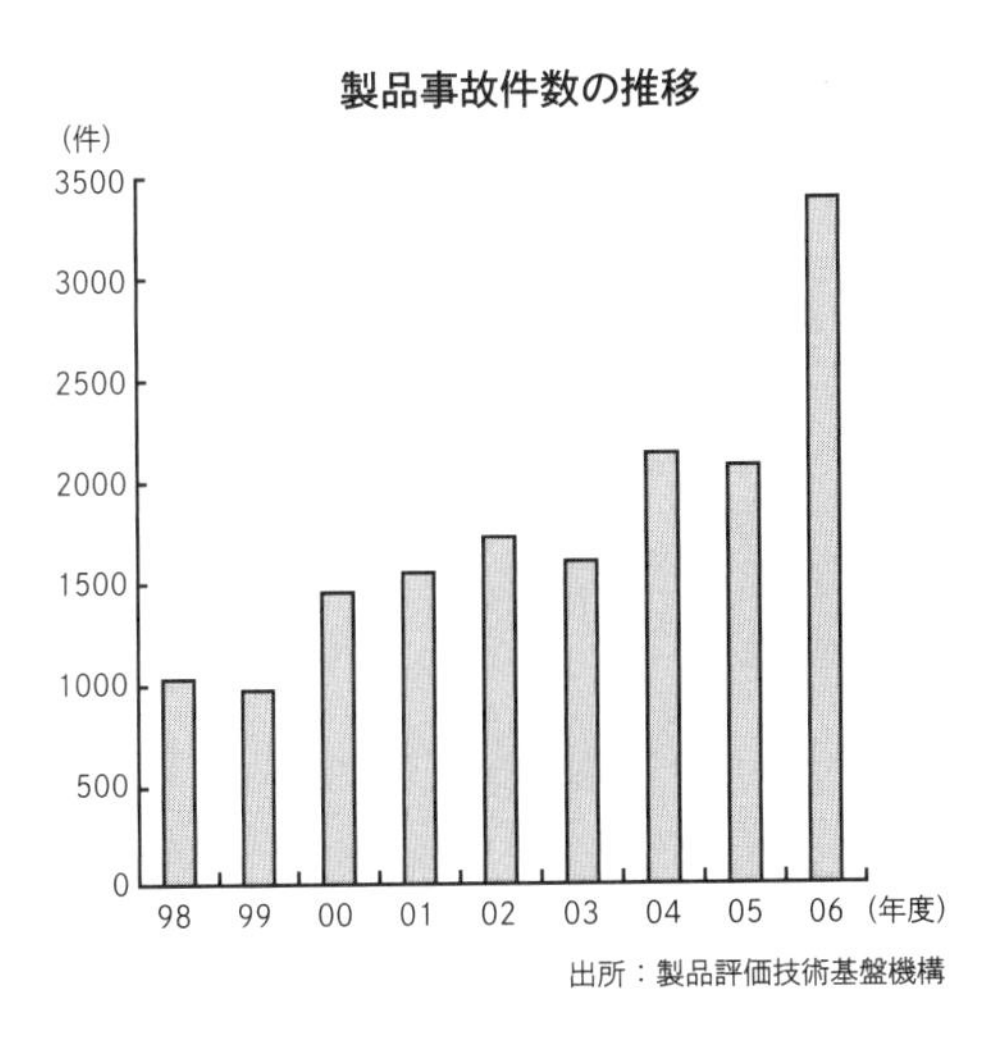
製品事故件数の推移
(件)
3500
3000
2500
2000
1500
1000
500
0
98
99
00
01
02
03
04
05
06
(年度)
出所：製品評価技術基盤機構

5倍に増加している。これが、1995年以前だと年に数件しか発生していない。

報道される情報の受け手は、このデータを見せられると事故やリコールが増えていると感じるだろう。しかし、事実は違う。これまでは、「この程度は仕方がない」とあきらめられていたことが、不具合情報として集められ、データが公表されるようになったからだ。

30年使用した扇風機

2007年に発生した、古い扇風機による火災発生事故で、2人の人間が亡くなった。痛ましい事故だ。また、2013年2月21日、長崎県長崎市のグループホーム「ベルハウス東山手」の火災事故は、加湿器が火災の原因といわれている。

扇風機は、30年以上前に製造されたものだ。また、加湿器は10年以上前からリコールの届けが提出されており、事故はその回収漏れの製品から発生したようだ。

30年前の扇風機では1万円はしないだろうし、10年前の加湿器も大型のものではないから1万円以下の製品だろう。100万円以上する自動車だって、製造中止後10年も経てば、補償部品がないという理由で修理不能になる。家電メーカーのエンジニアは、この厳しい状況のなかで、諸外国のメーカー（主に中国・韓国）と競争しなければならない。

この事故で、設計者が刑事罰を受けた訳ではない。しかし、メーカーは公式な謝罪を行ない、顧客の対応を行なっている。また、独立行政法人 製品評価技術基盤機構は、扇風機火災に関して、「誤使用」「不注意」など消費者の責任ではないと明言している。さらに、ほかにもあった全11件の発火事故に対し「製品に起因する事故」と分類した。

いい換えると、設計者は30年先まで製品の状態を予測し、考えられる手立てを打って構造を考えなければならない。そこまでしないと、後になって自分の勤務先に対して大きな損害を与える可能性があるということだ。また、この厳しさはさらに増すことはあっても、軽くなることはない。

古い技術だけを使えば事故は減る？

新しい技術に挑戦せず、古い枯れた技術だけで製品を作れば製品に起因する事故はほとんど発生しなくなる。しかし、それではビジネスが立ちいかない。少し前に「2番じゃダメなんですか？」という言葉が流行ったが、科学でも技術の世界でも常に最先端を目指さなければグローバルの競争には勝てない。事故を起こしてはいけないが失敗を恐れるあまり、新技術への挑戦を忘れてもいけない。

今後、ますます厳しくなる社会の目と、海外メーカーとの競争に揉まれながら、日本のエンジニアは成長していかなければならない。

残念ながら、人間は、競争のある状況に追い込まれないと力を発揮できないことが多い。一部の天才的な人は自分でそんな状況を作り出せるのかもしれないが、大半の人はそんなことはできないのだ。逆にいえば、競争社会は、凡人を天才に変えることができる社会といえる。

Section

4

あなたが世に出した製品は誰が使うかはわからない

失敗学の重要性

成功の研究と失敗の研究は技術の両輪となるべきだ。どちらが欠けてもいけない。あなたが考えて創り出した製品は、いつ、どんな状態で誰が使うのかわからない。想定される全ての状態を考慮に入れて、使用者の安全を守ること。それがエンジニアに課せられた使命であるといってよい。

東大名誉教授の畑村洋太郎先生が失敗学会を立ち上げたのも「失敗学」の重要性を知らしめるためだ。その設立趣旨には次の一文が載せられている。

生産活動には、事故や失敗は付き物である。これら、事故や失敗は小さなものから、経済的損失につながるもの、負傷を伴う大きなもの、さらに多数の死傷者を出す大規模なものまである。

「失敗学」は、こういった事故や失敗発生の原因を解明する。さらに、経済的打撃を起こしたり、人命に関わったりするような事故・失敗を未然に防ぐ方策を提供する学問である。

安全な社会を実現するために、エンジニアは失敗学を学び、事故や災害を未然に防止しなければならない。繰り返すが、エンジニアの扱うものは元々が危険なものなのだ。

エンジニアは先に考える

全てのエンジニアは、pro（先に）＋Matheus（考える者）。プロ＋メテウスでなければならない。危険なものを扱うのに、後から考えては事故を防止できない。過去の事例を調べ、分析して事故や失敗の共通項を見つける。そこから、新たな手法・アイディアを見つけ出すのがエンジニアである。そこに楽しさや醍醐味もある。

ジェームス・ウェブ・ヤングが「アイディアとは既存の要素の組合せ以外の何ものでもない」という言葉を残している。それは、アイディアをバカにしていっているのではない。これは、誰がいったかわからないが「パンも肉も昔からあったが、20世紀になるまで、誰もハンバーガーを思いつかなかった」という言葉もある。

その通り、事故を防止するためのアイディアもこれまでにない組合せのなかからきっと見つかる。そのために、エンジニアは、プロ＋メテウスになろう。「先に考える者」であり続けよう。

あなたが世に出した製品は誰が使うかわからない

産業製品であれ、一般ユーザー向けであれ、あなたが開発して世に出した製品は誰がどんな状況で使うのかわからない。もちろん、これまでの経験やデータから大体の予測はできる。

しかし、流行語になったように「想定外」は必ず存在する。問題は、想定外が起きることも想定しなければならないところにある。予算や収益の問題があるから、想定の枠をどこまでも広げる訳にはいかない。しかし、想定した枠のなかで安全対策を行なってそれで「よし」と考えたのでは足りない。それをやると、万一の時に、組織の責任者がテレビカメラの前で深々と頭を下げることになる。

責任者が頭を下げるだけならよいが、組織そのものがなくなる場合もある。さらに設計者本人が逮捕されることもあり得る。

想定した枠のなかはもちろん対処して、想定外が発生した場合にどうするのかまで考えよう。現場の人間に任せるのでもいい。その現場の人にどうすればよいのかをマニュアルなどで伝えることはできる。設計担当のエンジニアならそこまではやろう。

Section 5

エンジニアにとってのイノベーションとは

これまでの教育方法では21世紀を担うエンジニアは育たない

クリステンセン博士の『イノベーションのジレンマ』をはじめとするイノベーションとタイトルについた3冊は、重要なことを示した良書である。3冊のどの本もクリステンセン博士は企業のことでイノベーションを説明している。しかし、これは個人にも同じように当てはまる。

優秀で勉強熱心なエンジニアこそイノベーションのジレンマにはまり込んでいる。自分の専門分野に対して長年コツコツと研究を重ね、成長してきたエンジニアは、専門性は高いが視野が狭くなる可能性が高い。そんな時、破壊的なイノベーションによってこれまで積み重ねてきたものが無用の長物と化すことはある。

つまり、その人の積み重ねてきた技術や知識そのものが無用になる恐れがあるということだ。これは、誰にとっても大きなリスクである。しかし、今のような忍耐力と暗記力を重視した教育では、新しい時代を切り開くエンジニアを育てることがとても難しいと思う。

エンジニアの資格に技術士がある。技術士は国家資格だから法律でその資格が定義されている。そこにはこうある。

第2条

この法律において「技術士」とは、第32条第1項の登録を受け、技術士の名称を用いて、科学技術（人文科学のみに係るものを除く。以下同じ。）に関する**高等の専門的応用能力**を必要とする事項についての計画、研究、設計、分析、試験、評価又はこれらに関する指導の業務（他の法律においてその業務を行うことが制限されている業務を除く。）を行う者をいう。（※強調は筆者）

技術士試験は主に筆記試験によって合否が決まる。問われるのは、専門知識と応用能力、課題解決能力である。また、試験を受けるには、いくつか条件があるが、通常は7年の業務経験がなければ受けることができない。どんなに成績が優秀でも学生は受けられない。これは、ほかの難関資格の試験と大きく異なる。

この試験の対策講座を主催していて、思うことがある。技術に関する応用能力を問う試験に対する解答を紙に文章で表現しなければならない。一人ひとりが業務をどのように行なっているのかを見に行く訳にはいかないから、これは仕方がない。しかし、この試験対策を勉強している受講者の半分は、講師に対して驚く要求をする。

模範解答はありませんか？

普段、業務のなかで問題点を見つけ、これまでに学んだ知識や経験した知見を使って、新しい問題を解決する力、これが応用能力である。課題解決能力はこれに、問題発見力がプラスされていると思っていい。

いい換えると、応用能力は、まだ誰も解法を知らない問題を頭のなかにある全ての知識と知見を動員して解決する力である。この力を試す試験で模範解答を講師に求めてどうするのだろうか？

知識だけを問う択一試験なら、過去の問題を丸暗記すればある程度合格点をとることはできる。だから、試験に頻出する問題を教えてもらってそれを暗記すればいい。しかし、応用能力を問う筆記試験では、過去の問題に対する解答を丸暗記してもどうにもならない。まさに、それは応用能力のなさを示している。

技術士試験を受験するエンジニアは、そのほとんどが一流大学を出て一流メーカーに勤めている（最近は公務員も増えた）。つまり、学校の成績はよかった人たちである。年齢を経てもやはり暗記は得意な人が多い。だから答えを覚えようとする。

しかし、目指すところが違うのである。

東大工学部も様変わり

失敗学会の年次大会で講演をされた東大工学部のI教授によれば、受け持っている工学部の講座「創造設計」の授業には日本人学生が1人もいないそうである。授業は英語で行なわれているから、日本人学生はそれが理由でI教授の授業をとらないらしい。数年前から徐々に減って、今では留学生だけが受講生になったようだ。

また、バルブが弾ける前までは、世界の一流大学で学ぶ日本人学生は大勢いたが、今はそれもめっきり減ったようだ。こんなデータもある（国際教育研究所など調べ）。


【ハーバード大学の学部と大学院の生徒数の合計】

1992～1993年度→2008～2009年度
日本人：174人→107人
中国人：231人→421人
韓国人：123人→305人

これが学部生だけだともっとひどい。ようするに今紹介したデータはほとんどが大学院生。次に紹介するものが学部生だけのデータだ。

【ハーバード大学の2009年度学部の生徒数】
日本人：5人
中国人：36人
韓国人：42人

ご存知とは思うが、韓国の人口は日本の半分弱。しかも、日本と同じように少子高齢化が進んでいる。大学生の年齢となる人口が多い訳ではない。それなのに8倍も人数に開きがあるのはなぜだろうか？

また、この数字を裏づけるかのように、ハーバード大学初の女性学長のドリュー・ギルピン・ファウスト女史は、「日本の学生や教師は、海外で冒険するより、快適な国内にいることを好む傾向があるように感じた」と発言している。

これでは、従来の殻を破って、新しい事業を立ち上げようなどという学生は出てこないかもしれない。

また、それでも世界における東大や京大の大学ランキングがどんどん上昇しているなら、救いはあるが、それも逆に落ちているのが現状である。

これは、学生諸君の責任ではなく、我々の世代に責任があるのだが、殻を打ち破る努力はして欲しい。

個性的な人間を育てる方法というものは存在しない。真に個性的な人間は、鋳型に入れ込もうとしてもそこからはみ出し、型通りには決してならないものである。

世界は狭くなっている。殻のなかに閉じこもっていて、少し外を見てみたら、別の世界になっていることもあり得る。浦島太郎にならないためにも、快適な国内環境のなかだけで過ごすのはやめるべきだ。

Section
6
これからのエンジニア論

爆発的に増える情報と加速する技術の進歩

エンジニアが接する技術的な情報の量は10年前に比べても爆発的に増加している。自分の専門領域に関する情報だけに絞っても、比べものにならないくらい増加しているといってよい。

数値の根拠に疑問があるとはいえ、総務省によれば、１９９６年から２００６年の10年間で、選択情報可能量つまり人々が接することのできる情報量は５３０倍に増加したらしい。５３０倍が正確かどうかはともかく、接することができる情報量が、10年前、20年前と比べて圧倒的に増えていることは実感できるだろう。

加えて、専門分野だけにとらわれていたら新しいアイディアは出てこないのである。繰り返すが、新しいアイディアは、既存のアイディアの新しい組合せだ。どの分野にあなたにとって役立つ情報があるのかわからない。イノベーションは思いがけないところから発生する。

注目すべき分野

ＩｏＴやインダストリー４・０、人工知能に関する知識・情報はどの分野であっても関係するだろう。「２０４５年問題」といわれる技術的特異点（シンギュラリティ）は、若い人ならいずれ目にすることができるかもしれない。俗にいう、コンピュータの知能が人間の知能を越える年である。それを、２０４５年頃と予測して「２０４５年問題」といっている。

もちろん、２０４５年にそうなるかどうか、それはわからない。もっと早いかもしれないし、遅いかもしれない。加えて、途上国の技術力もどのように変化してくるのかわからない。現在のところ、日本は技術的に高度なものに限れば競争力はあるはずだが、コモディティ化（品質などの価値が失なわれ、価格だけの競争になった商品）してしまったものに関しては全く競争力がない。

この本を書いている時点で、韓国製スマートフォンの発火問題が起きている、メーカーにとっては致命的ともいえる打撃だ。北米は、高機能スマートフォンの大消費地だが、当面は売れなくなるだろう。何しろ、米国運輸省は、２０１６年10月14日に問題のあったスマートフォンの航空機内への持ち込み禁止を発表している。違反者には刑事罰が科されるそうだ。現段階で日本メーカーがその穴を埋める動きがない。逆に日本は、格安スマホを製造販売することに熱心のようだ。これは、目標が間違っているといわざるを得ない。

グローバル競争から逃げている日本メーカー

日本は、世界基準で見れば小国ではない。人口は、減少中とはいえ世界10位。面積だっておよそ２００の国や地域のなかで62番目に大きい。極東の小さな島国というステレオタイプなイメージは、故司馬遼太郎氏の小説『坂の上の雲』の影響が大きいのだと思う。

ヨーロッパの国々で日本より大きい国は、フランス（51万平方キロメートル）、スペイン（50万平方キロ）、スウェーデン（45万平方キロ）の３ヶ国しかない。ドイツは（35・７万平方キロ）で、日本（37・７万平方キロ）よりわずかに小さい。

そして、小国ではないがゆえに国内メーカーは、国内の消費だけでそこそこの売り上げが確保できる。中途半端な大きさではあるが、無理に海外で競争しなくてもやっていける市場規模なのだ。そのため、ＧＤＰに占める輸出の割合は、２００の国や地域のなかで下から

25％程度に入る。輸出の依存率は2015年で11・4％、いい換えれば、内需大国である。例えば韓国の場合、GDPに対する輸出の割合は43・4％と極めて高い。

これは余談になるが、日本人が英語をマスターできないのもそれが理由のひとつである。ほぼ全ての分野の本を日本語で読むことができる。出版社は採算がとれる。日本語で読めるのであれば、何も無理して英語をマスターしなくてもいい。学生時代は、試験があるから勉強するだろうが、社会に出れば英語を使う機会そのものが減ってしまう。技術者であっても分野によっては英語能力をほとんど必要とされない。

話を戻そう。日本はかつてない生産年齢人口減少時代に入った。これから毎年数十万人のレベルで人口が減る。極端な移民政策でもとらない限り、人口減少を止める手立てはない。また、国民性から考えて毎年数十万人という移民を受け入れることはないだろう。

そうなると、国内市場だけで大手企業の売り上げを満足させることはできないはずだ。まだ時間はある。今のうちに手を打とう。グローバルな競争から逃げることはできないのだから。

おわりに ～どんな時代でも技術は必要とされる～

試験対策の本を書くのと違って、今回の本は随分と時間がかかった。とにかく、エンジニアという職業を選んだ若い人、伸び盛りの中堅の人向けの本として、いいたいこと、伝えたいことをできるだけ盛り込んだつもりである。

エンジニアの成長は、企業を成長させ、果ては社会、世のなか、国を発展・成長させると信じている。あなたの役目はとても大きい。

テクノロジーのブラックボックス化などといわれて久しい。今後、エンジニアはもっと大きな声で、技術を伝えなければならないと思う。

原発の事故の時、豊洲市場の地下室の時、専門家であるエンジニアはあのような時こそ、声を大きくして、説明責任を果たすべきだ。技術的な専門の話は、テレビのコメンテーターではなく、その分野の専門家が説明しなければならない。それをしないから、訳のわからない何の根拠もない意見がまかり通る。

この先、どれだけ科学技術が進歩するのか想像もつかないが、それを進めるのは常にエンジニアだ。どんな時代であっても、エンジニアが創り出す新しい技術が社会をよくするのだ。

話は変わるが、江戸時代の国学者に本居宣長という人がいた。古典文学や日本史の教科書にも出ているから、理系一本で来た人でも知っているだろう。その本居宣長に、『うひ山ぶみ』（ういやまぶみ：初山踏）という学問書がある。宣長には多くの弟子がいたから、その弟子に乞われて学問の学び方、今でいう方法論を1冊の本にしたものだ。

そのなかには、今では到底受け入れられない、人類全てが学ぶ必要のある「まことの道」（天照大神の道）などもあり、まともに読むと退屈してしまう。

しかし、一方、学問の学びようとは、「倦（う）まず弛（たゆ）まず続ける」ことが肝要であって、方法論など重要ではないと説いている。

これは、宣長の時代から200年以上を経た今でも本当のことだと思う。

少し原文も紹介しよう。

いずれの品にもせよ、学びやうの次第も、一わたりの理によりて、云々してよろしと、さして教へんは、やすきことなれども、そのさして教へたるごとくにして、果たしてよきものならんや、また思ひの外にさては悪しきものならんや、実には知りがたきことなれば、これもしひては定めがたきわざにて、実はただその人の心まかせにしてよきなり。詮ずるところ学問は、ただ年月長く倦まず怠らずして、励みつとむるぞ肝要にて、学びやうは、いかやうに手もよかるべく、さのみかかはるまじきことなり。

（筆者による拙訳）

どのような学問分野であっても、学び方には色々あり、その順序も、理論的に決められている。それらを教えて、特にこれがよいと明確に示すことは、簡単なことであるけれども、その特にこれと限って教えてしまうことは、果たしてよいものだろうか？　また意外に悪いものだろうか？　本当のところはわかりにくいことである。実際には、学問方法などその人のやり方に任せてよいのである。要するに学問は、長い年月をかけて飽きず怠けることなくて、励み努力し続けることが大切であって、学び方は、どのようであってもよいのである。私自身は、方法論にこだわるべきではないと思っている。

いわゆる、超訳的だが、意味はわかると思う。要するに、方法論にとらわれず、長く努力することが大切だといっているのだ。宣長先生、流石によいことを仰（おっしゃ）る。

エンジニアとして生きていくには、一生続く倦（う）まず弛（たゆ）まぬ勉強・研究・調査などが必要である。また、それを続けることで、どんな人も一流のエンジニアになり得る。

加えて、エンジニアという職業を選んだ皆さんは、一生エンジニアであり続けて欲しいと思う。もちろん、ある程度年齢がかさめば、マネジメント業務の割合が高くなるかもしれない。経営者になる人だっているだろう。独立する人もいるはずだ。

しかし、それでも、発明する喜びを忘れないで欲しい。それが有形の製品であれ、無形のサービスやプログラムであれ、あなたが創り出したもの、あなたのチームや部下が創り出したもので社会を少しでもよい方向へ進めて欲しい。そのなかに、あなたの能力や興味の対象や価値観が表現されていれば、あなたは幸せなエンジニアである。


この本は、本文の中に「私」という1人称を一度も使っていない。お気づきになった人もいると思う。自分の熱意があえて入らないようにそうした。あくまで、自分の気持ちを突き放し、事実と方法を第三者的に書いてみた。それが成功したのかどうかはそれはわからない。

また、役に立つ、実践的なノウハウだけにフォーカスしたつもりである。どの分野のエンジニアでも使えるノウハウだと思う。

どれか一つでも、あなたの仕事の役に立つことがあれば望外の喜びである。

最後に、この本を出版するにあたって、宇治川裕氏、日本実業出版社の中尾淳氏には本当にお世話になった。２人の尽力がなければこの本が世に出ることはなかったと思う。このような形式的なお礼では済まないのだけれど、仕方がない。ここでは形式的なお礼だけいわせて頂くこととする。

また、文章に詰まったとき、様々なアイディアや助言を頂いた、問題整理の専門家の大谷更生氏、バリューアップブレーン社代表の細田収氏にもこの場を借りて、厚く御礼申し上げたい。お２人から頂いたアイディアも、この本には盛り込んだつもりだ。

さらに、この本は、私のセミナーや研修の経験からも多くを盛り込んでいる。私の研修技術・ノウハウは、ライブ講師®実践会代表の寺沢俊哉氏、セミナーデザイナーの野村恵美子氏から教えて頂いたものである。出来の悪い弟子でお２人にはご迷惑をおかけしたと思っている。この場を借りて、感謝を述べたい。

最後に、もう一言、技術士講座の受講生に贈る言葉で締めくくりたい。

Where there's a will, there's a way.
意志あるところに道は開ける　（リンカーン）

《参考文献》

『ギュスターヴ・エッフェル　パリに大記念塔を建てた男』西村書店　アンリ・ロワレット著・飯田喜四郎・丹波和彦訳
「日本技術士会のWebサイト」
「日本機械学会のWebサイト」
『仕事が早くなる！　CからはじめるPDCA』日本能率協会マネジメントセンター　日本能率協会マネジメントセンター編
『技術者倫理』放送大学教育振興会　札野順著
『技術者倫理入門』丸善　小出泰士著
『事故から学ぶ技術者倫理』工業調査会　中村昌允著
『自分の小さな「箱」から脱出する方法』大和書房　アービンジャー・インスティチュート著・富永星訳
「失敗知識データベース」(http://www.sozogaku.com/fkd/index.html)
『ライトついてますか』共立出版社　G・M・ワインバーグ著・木村泉訳
『本当に役立つTRIZ』日刊工業新聞社　TRIZ研究会編
『感動を売りなさい』幸福の科学出版社　アネット・シモンズ著・柏木優訳
『シンプルプレゼン』日経BP社　ガー・レイノルズ著

『世界最高のプレゼン教室』日経BP社　ガー・レイノルズ著
『「超」発想法』講談社　野口悠紀雄著
『超「超」整理法』講談社　野口悠紀雄著
『アイディアのちから』日経BP社　チップ・ハース&ダン・ハース著・飯岡美紀訳
『現代用語の基礎知識2015』自由国民社
『レシピ公開「伊右衛門」と絶対秘密「コカ・コーラ」、どっちが賢い？　特許・知財の最新常識』
新潮社　新井信昭著
『はじめての知的財産法』自由国民社　尾崎哲夫著
『永久機関の夢と現実』発明協会　後藤正彦著
『エンジエアが30歳までに身につけておくべきこと』日本実業出版社　椎木一夫著
『エンジエアの勉強法』日本実業出版社　菊地正典著
『「理系」の転職』大和書房　辻信之＋縄文アソシエイツ共著
『「心理テスト」はウソでした』日経BP社　村上宣寛著
『職場学習論』東京大学出版会　中原淳著
『東大で生まれた究極のエントリーシート』日刊工業新聞社　中尾政之他著
『オプティミストはなぜ成功するか』パンローリング株式会社　マーティン・セリグマン著・山村宜子訳
『技術士独立・自営のススメ』早月堂書房　森田裕之他著

『弁理士をめざす人へ』法学書院　正林真之著
『ゼロから1を生む思考法』三笠書房　中尾政之著
『技術経営論』東京大学出版会　丹羽清著
『ウソはバレる』ダイヤモンド社　イタマール サイモンソン、エマニュエル ローゼン共著・千葉敏夫訳
『背信の科学者たち』講談社　ウイリアム・ブロード、ニコラス・ウェイド共著・牧野賢治訳
『技術を武器にする経営』日本経済新聞出版社　伊丹敬之・宮永博史共著
『技術者のためのマネジメント入門』日本経済新聞出版社　伊丹敬之・森健一共著
『世界で最もイノベーティブな組織の作り方』光文社　山口周著
『世界一役に立たない発明集』ブルース・インターアクションズ　アダム・ハート＝デイヴィス著・田中敦子訳
『科学が裁かれるとき』化学同人　ベル著・井山弘幸訳
『科学と妄想』早稲田大学人文自然科学研究第28号　小山慶太著
『イノベーションのジレンマ』翔泳社　クレイトン・クリステンセン著・伊豆原弓訳
『設計のナレッジマネジメント』日刊工業新聞社　中尾政之・畑村洋太郎・服部和隆共著
『トリーズ（TRIZ）の発明原理』ディスカヴァー・トゥエンティワン　高木芳徳著
『スウェーデン式　アイディア・ブック』ダイヤモンド社　フレドリック フレーン著・鍋野和美訳
『失敗百選』森北出版　中尾政之著
『失敗は予測できる』光文社　中尾政之著

『技術とは何か』オーム社　大輪武司著
『新・機械技術史』日本機械学会　天野武弘・緒方正則他の共著
『ガリレオの指』早川書房　ピーター・アトキンス著・斉藤隆央訳
『イノベーションの最終解』
　翔泳社　クレイトン・クリステンセン、スコット・アンソニー、エリック・ロス共著・櫻井祐子訳
その他、インターネットの各種情報

匠　習作（たくみ しゅうさく）
1962年生まれ。匠習作技術士事務所代表。2012年に技術士試験の「機械」「総合技術監理」を併願で合格。その年の併願合格者は、3万人の受験者の中でただ1人。所有する主な資格は、甲種危険物取扱者、第一種衛生管理者、ISO9000審査員、ISO14000審査員、医療機器製造責任者などのほか、情報セキュリティアドミニストレータなどIT資格関係多数。日本コーチ連盟研修修了、心理カウンセラー養成講座修了。
医療機器メーカーの新工場設立プロジェクトリーダーを経て、プラントメーカーに転職。工場の品質保証部門責任者などを歴任。20数年のサラリーマンエンジニア経験を経て、2014年に独立。現在は、エンジニア全般に対するキャリアや実技の指導、工場などの生産設備や企業の品質保証のコンサルティングなどを行う傍ら、技術士試験の対策を指導する。著書に『技術士第二次試験論文問題3段階ステップ必勝法』（新技術開発センター）がある。

エンジニアの成長戦略（せいちょうせんりゃく）
一生食（いっしょうた）べていけるキャリアをつくる

2017年4月20日　初版発行

著　者　匠　習作

発行者　吉田啓二
発行所　株式会社日本実業出版社　東京都新宿区市谷本村町3-29 〒162-0845
大阪市北区西天満6-8-1 〒530-0047
編集部 ☎03-3268-5651
営業部 ☎03-3268-5161
振　替　00170-1-25349
http://www.njg.co.jp/

印刷／壮光舎　製本／共栄社

この本の内容についてのお問合せは、書面かFAX（03-3268-0832）にてお願い致します。
落丁・乱丁本は、送料小社負担にて、お取り替え致します。

ISBN 978-4-534-05493-7 Printed in JAPAN